書籍工房早山

ニュートン主義の罠

バイオエピステモロジー II

米本昌平

ニュートン主義の罠　バイオエピステモロジーⅡ

目次

装幀　加藤光太郎
挿絵　江良弘光
組版　岩谷　徹

第一章　バイオエピステモロジーの目指すもの
——ドローン的視野獲得と、最深度の科学評論

バイオエピステモロジー：枠組み策定のための冥界対話

新奇な言葉を持ち出すのは良くないことは重々承知している。だが、私はすでに『バイオエピステモロジー』（書籍工房早山、二〇一五年）という本を出してしまっている。その理由ははっきりしている。いきなり本論に入ることになるが、それは私が、いまある科学哲学は、物理学を自然科学のモデルとしており、そのために生物学／生命科学の扱いに失敗している、と睨んでいるからである。ところで最初に断っておくが、この本では、二十世紀半ばまでの生命の研究を「生物学」、それ以降を「生命科学」という言葉を充てて論じるつもりである。そうする理由は、追い追い明らかになっていくはずである。

では、バイオエピステモロジーとは何か。端的に言えば、生物学者／生命科学者が、生命をど

ういうものと見立てて自ら研究を行なっているか、とくに、生命をどういうものと見立て実験研究を行なっているか、を研究する立場であると考えている。これは用語の上では、生物学／生命科学の認識論に当たるが、とくにバイオエピステモロジーは、眼前に展開する現在の生命科学の振る舞いをもその分析対象とすることを、強く意識している。

自然をどう見立てるか、自然をどのようなものと解釈するか、という問い立ては、たとえば十九世紀後半／二十世紀初頭の自然科学者にとっては、言葉にするまでもなく最重要の課題であった。とくに自然科学研究で突出した位置にあったドイツでは、この課題には「自然哲学Naturphilosophie」という言葉が充てられ、議論が重ねられた。この時代、科学者が自然研究をする第一の理由は「自然哲学への寄与」であった。科学者にとっては、科学によって自然を説明し尽すことにこそ至高の価値があり、それは人生を賭すべき大事であった。だから重要なのは、観測データや実験事実と並んで、いやそれ以上に、自然現象を説明する一般理論の方であったのである。

実際、現在では取りあげられることはないが、十九世紀末／二十世紀初頭の生物学においては、一八九二年に出版されたワイズマン（August Weismann: 1834~1914）の『生殖質　一つの遺伝理論 *Das Keimplasma, Eine Theorie der Vererbung*』という本が圧倒的な影響力をもった。そしてこれは、遺伝／発生現象を統一的かつ因果論的に説明しようとする体系的理論であった。いまこの本が顧みられない理由は、実証に立脚しない観念論だからということになる。実際、それは正しく、いまの感覚からすると『生殖質説』には挿入図が著しく少ない。当時は図版の作成が高価だったことを考慮に入れたとしても、やはり少ない。この事態を生物学／生命科学の歴史全体に当てはめると、それぞれの時代の人びとが生物的自然として見ているものと、生物学／生命科学が科学的な説明の対象としているものとは、別物であることが示唆される。そしてこれは、現在の生命科学のあり方にもはね返ってくるのであり、最終章で、生命科学における表現（representation）の問題を取り上げることになる。

ところで科学哲学が生物学／生命科学の扱いに失敗しているのには、もう一つ理由がある。意外なことだが、これまでの科学哲学は、生命科学に対して系統的懐疑（skepticism）の眼を向けて来なかったことがある。これは普通、科学哲学の役割と考えられている状態からは外れている。ほんらい、科学研究はその始めから終わりまで、厳格な懐疑の目に曝《さら》されているはずのものである。常に、どこか間違っているのではないか、採用した方法とその結果の解釈が妥当であるか、を互いに批判し、詮議し続けなければならない。これは真理追及を担う科学にとって、必須の手続きである。だからこの本は、眼前の生命科学に対して系統的懐疑の目を向けようと思う。

いま私は、「現行の科学哲学は生命科学に系統的懐疑の眼を向けて来なかった」と言った点に注意してほしい。すでに触れたように、この本では、二十世紀半ばまでを生物学、それ以降を生命科学と表現し分けるが、生命科学は概ね、分子生物学が成立し関連領域へ浸透していった事態に対応している。そして、分子生物学の浸透に合わせるかのように、生命科学に対して批判的検証をしようとする試みは消失していくのである。

つまり、これまで科学哲学は、分子生物学が拠って立つ〈生命の見立て〉に関して、分子生物学と同じ側にあったようなのである。もっと言えば、現行の科学哲学は、生命科学と同じ自然哲学の下にあり、その強制力によって生命科学を系統的懐疑の煉獄に投げ込むことを躊躇し続けてきたと考えられる。この光景に対しては、科学哲学も生命科学と同じ〈時代精神 Zeitgeist〉の下にあった、と表現するのが妥当であろう。過去半世紀にわたって、なぜ科学哲学は生命科学の側に添い続けてきたのか。この謎に答を与えようとするのが、この本の主題である。生命科学領域への物理・化学的方法の導入そのことに対する批判的検証は、ほんとうは未着手なのだ。

そうだとすると、バイオエピステモロジーという学問は、研究者に対して、時代精神から抜け出せ！と要請するのと同じことになる。だがいくら、科学の資格保証のための手続きとはいえ、巨大な体制となりおおせている眼前の生命科学に対して、系統的懐疑の眼を向けるのには強靱な批判精神が必要不可欠となる。「すべてに批判的な眼を」という掛け声だけで、この作業を安定的に行なうのは無理であり、ときには非生産的ですらある。動かし難く見える巨大な存在を相手にして、系統的懐疑という大技《おおわざ》をかけるには、それを用いるのに見合った堅固な思考的な枠組みが必要である。

こう考えて前著『バイオエピステモロジー』では、現行の生命科学が立脚する自然哲学が強制する視程を、研究者が自ら取り払い、その影響圏から離脱するようにするための仕掛けとして、

「冥界対話」という手法を案出した。そこでは、十九世紀末／二十世紀初頭のドイツ生物学と、現在の生命科学とを、まったく対等で同格の科学的な認識活動と認め、両者を対峙させる。こうして、合わせ鏡のように両者を強引に向き合わせて、そこで生じる衝撃波の効果によって、二つの生物学／生命科学の基盤にある二つの自然哲学を、同時に浮き上がらせようとしたのである。だが実際にこの作業に着手してみると、ただちに、たくさんの哲学的課題を誘発させてしまう。この本ではとりあえず最終章で、呼び覚ましてしまった哲学的課題を整理しておこうと思う。

ところで、なぜ百年前のドイツ生物学なのか。この問いは当然出てくる。これには、進行中の私の研究全体をもって答えとするよりない。だがこの機会に少し答えておくと、それは、現行の生命科学が立脚する考え方の大半が、十九世紀末のドイツ生物学から直接流れ出したものであるからである。

自然科学は発見の蓄積史であるというのは、一面の事実ではある。しかしそれを支える自然哲学の方は、多くの場合、意識されないほどゆっくりと修正され、読み替えられていく。バイオエピステモロジーは、生物学／生命科学に関するこの次元での変化を研究主題とする。そのため、そこで重要となるのは、最終産物である論文そのもの以上に、諸論文を支える位置にある言明、その上で組まれる実験の形態、実験結果を解釈し表現する過程、などなどが重要になる。これらを扱うのは科学哲学や科学社会学であるが、これまで生命科学に対してこういう問題意識で行なわれた研究はそう多くはない。現行の生命科学を批判的に精査するのに合わせて、科学社会学の先行研究を読み直すことも必然の作業となる。

発生力学の成立、そのアメリカへの移植

たとえば本書では、「機械論vs生気論」という生命の見立てについての対立は、十九世紀半ばに形成され、それ以降、生物学の基本的な問いとして広まったのであり、なおかつそれは二十初頭に変質し、その意味内容が適切に整理されないまま今日まできている、と見ている。言い換えると、生物学には昔から「機械論vs生気論」の対立があり、科学が発達するにつれて機械論が勝利し生気論は敗れ去った、という教科書的な歴史観は、二十世紀初頭に現われたドリーシュの新生気論を、正統派の機械論が批判する過程で生まれた一種の都市伝説である、と私は見ている。

もう一つ、バイオエピステモロジーにとって重要だが、これまで無視されてきている視点を挙げておく。それは、十九世紀末に生物学における実験を正当化する実験哲学が確立し、これが二十世紀に入って生物学／生命科学のほとんどの領域に浸透していき、研究形態を変えてしまった事実である。実際、現代生物学史家のG・アレン（Gerald R. Allen: 1942〜）は、『20世紀の生命科学 *Life Science in the Twentieth Century*』（一九七五年）の序論でこう述べている。

「(生理学を除くと) 一八九〇年以前には、細胞学、発生学、進化論、群れの観察、野外生物学に、実験という伝統はなかった。遺伝研究ですら、確かに交配実験を行なったが、それは厳格な実験科学というよりは、主に育種家の手による技芸（art）に属すものであった。だが二十世紀

に入ると、生物学の全領域に実験方法が広がっていく光景が展開する。」(p.xvi)

ここで踏み込んで述べておくと、十九世紀末のドイツ生物学の一角に登場した「発生力学 Entwickelungsmechanik」という新しい学問は、それまでは比較という手法しかなかった発生学の領域に、研究手段として実験を導入することを正当化する哲学的理論を提供するものであった。生物に対して実験的操作を加えても、それは生命現象を乱したり、奇形を誘発するだけ、と考えられていた当時の生物学界に対して、〈発生力学〉という言葉の組み合わせには、「実験操作を介して発生現象を力学的=因果論的に解明する」という、この時代独特の思想が込められている。いま見ると大変にもどかしい限りなのだが、方法論の面でのこういう哲学理論が提供されて初めて、今日的な感覚の実験発生学が成立するのである。そして、ドイツ生物学で生じたこの方法論哲学の高みから、あたかも水が流れ出すように生物学の他領域に実験という手法が導入され、方法論的な革新が広がっていった。

たとえば二十世紀に入ると、アメリカで、実験遺伝学という、さら現代的なスタイルに洗練された研究形態が生み出される。それが、コロンビア大学で、T・H・モーガン（Thomas Hunt Morgan: 1866~1945）が始めた現代的な研究プロジェクトである。モーガンは、一九一〇年にショウジョウバエをモデル生物と定めて、大規模な交配実験を開始した。こうして彼が確立した、体系化された交配実験という研究形態こそ、今日の生命科学に直結する、文字通りの先行モデルなのである。

バイオエピステモロジーにとって重要なことは、モーガンは、この事態の展開に付随する認識論的な意味に関して、自覚的であったことである。強引に要約すると、モーガンは、十九世紀末／二十世紀初頭の、絶頂期にあったドイツ生物学の成果のなかから、その課題・対象・方法論の面での最先端の部分を、ドイツ生物学の哲学過多を慎重に濾過しながら、新興国アメリカに移植しようとしたのである。そしてそれに見事成功した。

さらに続けると、モーガンのこうした努力は着実に実を結び、昆虫を研究対象とした生物学者としては初めて一九三三年にノーベル医学生理学賞を受賞した。一方で、一九二八年にカリフォルニア工科大学（Caltech）は、新設の生物学科の責任者にモーガンを迎え入れた。〈新しい生物学 new biology〉を構想していたモーガンの前に、遺伝現象を分子レベルで解明しようという構想を抱いてアメリカに渡ってきたドイツの若き物理化学の学徒、M・デルブリュック（Max Delbrück: 1906～1981）が現われ、一九三七年にモーガンは彼をスタッフに採用した。第二次世界大戦後、デルブリュックは研究対象を、大腸菌に感染する特殊なウイルス（ファージ）に絞り込んで、遺伝の仕組みを解明するプロジェクトを開始した。このファージ訓練コースを開始したことが分子生物学への引き金を引き、後にカリフォルニア工科大学からノーベル医学・生理学賞の受賞者が続出するようになる。そして今日のアメリカにおける生命科学の大展開に至るのである。

つまりモーガンは、今の生命科学の型を作りあげる上での、最重要人物の一人なのである。そしてこの本にとって重要な点に触れておく。一八九四年にモーガンは最新の動向を吸収しようと欧州に渡り、ナポリの臨海研究所で同世代のH・ドリーシュ（ドリーシュについては第三章を参照）に出会い、終生の友となるのだが、この二人がともに、当時のドイツ生物学で大きな影響力をもっていた、先に触れた、ワイズマン学説に否定的な立場であったことである。

本題に戻ると、われわれがここで設定した一世紀という時間的な隔たりは、生物学がそれまでの説明理論を重要視する学問的態度、具体的にはヘッケル、ネーゲリ、ワイズマンなどの生命現象に対する解釈学説の時代から、現代型の実験科学へ脱皮し、さらに進んで生物学における大半の実験が、何らかの生体分子の存在を想定して組まれる（分子担保主義への傾斜、これについては後述）今日の光景に至る、生物学／生命科学が経てきた歴史的変貌の、始まりと終わりを押さえることになるのである。

むろんこの間に、生物学／生命科学を支える概念も体制も大きく変わった。この間の変化を象徴するものの一つが、あまり注目されることはないが、生物学／生命科学における使用言語である。過去百年の間に、自然科学における使用言語は、ドイツ語から英語へ全面移行した。一世紀前、一定の自然哲学の枠内で理論構築・実験・解釈が行なわれていたのに代わって、二十世紀後半以降のその位置には、つねに新規の生体分子が探索され、抽出に成功すればその構造決定・機能確認・医学的応用が同時進行していく、アメリカ語生命科学が展開している。恐らくいま、世界の大半の生命科学の実験室では、〈ラボリッシュ〉（Labolish: laboratory + English）という特殊な英語が使われているはずである。

最深度の科学評論

冥界対話は、このような歴史変動を経て、互いにたいへん異質なものになった百年前のドイツ生物学と眼前の生命科学とを、強引に対面させる。そしてその手法の一つが、一見、地味に見えるが、「方法論としての原典翻訳」（『時間と生命』、『バイオエピステモロジー』を参照）である。二つの認識活動、つまり二つの〈文化〉である百年前のドイツ生物学と現在の生命科学とをぶつければ、当然、その間に違和が生じる。バイオエピステモロジー研究は、こうして生じたその違和を、研究者が目の前の生命科学からわが身を剥がすための梃《てこ》とすることを鼓舞し、強く支持する。こうして、生命科学の内側にいた研究者をその外部に移動させ、現在との距離感を確実にした後に、余裕をもって生命科学に対して系統的懐疑の目を向ける、という手はずをとる。冥界対話は、そのような精神的状況を作り出すための、確実な概念的仕掛けである。これによって、現行の生命科学が根拠もなく、理性的・科学的なものと信じ込んでいる諸判断を分析の対象に据え、論評を加える。これが、バイオエピステモロジーがこれまでの科学哲学とは異なる点である。

　別の言い方をすると、冥界対話によって研究者が獲得する視程は、あたかも大学文学部の研究者が文学作品をとりあげて分析し論評するのと同水準の知的作業を、科学に対して行なうのを可能にし、そこに強く誘うものである。文学に対する文学者の持つ問題意識とまったく同じ様に、作品であり生産物でもある専門誌に掲載されている学術論文や総説を、分析・批判・論評の対象とする。実際の科学論文は、専門領域の内部で専門家の間で共有されている価値体系の中でされる評価（peer review：査読）を経た後の産物である。現在の評価作業はここまでであるが、それをここではもう一段、その成果物を科学外の一般空間に引き出す。そして、研究をする当事者ではないが、しかし同じ目の高さに立つ独立の、より一般的価値観にたつ評価者（critical reviewer）として、鍵となる論文を精読し、分析し論評を加える。

そうする理由は、たとえば以下のようなことがある。一つは、方法論の議論における一面性という問題がある。科学は自然の弱点を突いて真理に迫る性格をもっているが、逆にそのぶん無理をすることになる。だからその成果の評価を科学者集団にだけ委ねておくと、隘路を突破するために採用した方法論の欠陥や弱点を過小評価したり、隠蔽する傾向がでてくる。別のやや特殊な物理学者の例をあげれば、彼らは関数化された理論を偏愛しすぎ、自然の振る舞いよりは理論の方を信じる傾向が時にあることがある。このように、作家に対するのと同様な、研究者に共通の心理までをも考察の対象に含む論評を〈最深度の科学評論〉と呼ぶことにする。

この作業を行なう研究は、何よりもまず、科学の周囲にまとわりついている、大半は過大評価である、科学に関する通説を取り払い、社会の中に満ちている科学に対する過大な期待が込められた眼差しから真っ先に自由にならなければならない。最深度の科学評論は、科学を論考の主題とはするが、科学啓蒙からは最も遠い位置にある。科学啓蒙という立場は、科学の内容を把握している側がこれを外部に広めることを意図するもので、そこでは科学者の過度の自賛から逃れることは難しい。最深度の科学評論は、科学が内包させている方法論上の欠点や、その適応範囲の限界、解釈の妥当性についてもとりあげ、論評を加える。

少し時間をさかのぼると、これとやや似た視点から自然科学を論じようとしたのが、日本人初のノーベル賞受賞者の湯川秀樹（1907〜1981）である。湯川は、弟子の広重徹（1928〜1975）が科学史に転身するのを認めると同時に、後輩の井上健（1921〜2004）とともに、近現代の自然科学を、現代思想の一角を構成する重要な要素として論じようとした。湯川は井上とともに、中央公論社が企画したシリーズ「世界の名著」の中の、第六五巻『現代の科学 I』（一九七一年）、第六六巻『現代の科学 II』（一九七〇年）の編著者となった。ここで湯川らは、十九世紀以降の主要な科学論文や諸著作から、その核となる部分を抽出し和訳して、認識論史的な角度から解説を加えた。当時、この湯川の試みを評価する者はほとんど現われなかったが、私が『時間と生命』以来、採用している「方法論としての原典翻訳」はこれを先行モデルとしている。

ところで私は前著で、冥界対話を行なうに際して、〈違和〉をもたらす過去の研究者に対する共感と敬意を強調しておいたのだが、実際には、この配慮は不要であった。冥界からたち現われる賢者たちは圧倒的な存在感を示し、つぎつぎ深みのある言葉をぶつけて来る。それ以前に、彼らは多弁である。ところが生命科学の側に目を向けると、そもそも現在の生命科学者は、自身が認識活動の一端を担っているという自覚が希薄である。加えて、科学として存在する以上、認識論の上で最小限の正当化論が必要であるとは考えない。それ以前に、生命科学全体が外部から論争をしかけられたり、批判的論評（critical review）の対象となる事態を想定しておらず、まるで無防備である。恐らくその理由は、長い間、認識論や方法論の面でまともな批判に曝されなかったからであろう。生命科学に哲学的研磨がかけられないまま、認識論的に放任状態にあった間に、生命科学そのものは急速に肥大し、多数の研究サービス企業群までをも抱える巨大な体制となっている。

当面、バイオエピステモロジー研究は、この一世紀という時間間隔を研究開始の仮《か》枠《り》組みとして置き、科学的認識論の次元での重要な対象を選び出して、その意味や認識構造を吟味していく。こうして過去一世紀にわたって、生命に関する科学的認識についての変遷のスペクトラムを押さえ、この間の生命に関する主要な認識の型について考察し、その流れの概容を描き出してみさえすれば、現行の生命科学の底に沈潜している自然哲学は自ずと浮上してくるだろうと考えている。実は、現行の自然哲学に関しては、すでに前著で「薄い機械論」と命名しておいた。だからこの本では、「薄い機械論」というこの呼び方が単なる直感ではなく、眼前に横たわる沈黙の自然哲学の特徴を言い当てたものであることを、論証する番である。

科学哲学は伝統的に、科学を分析するための論理を、あたかも岩盤の上に建物を建てるような、〈固い〉学風の上に構築してきた。だがいま必要なのは、「生命に関する科学的認識」という問題意識を固定させたまま、生物学／生命科学が過去一世紀にわたって展開してきた知的空間を、時代・専門領域・言語の境界を取り払って、自在に移動する眼差しである。それは言わば、生物学／生命科学の百年全体を俯瞰できる〈思想史的高地〉を見つけ出し、その高みに立とうとする企てである。いまドローンの時代が到来し、われわれは、ある種の新しい感覚が急拡大するのを体験している。これに似て、不動の岩盤の上にあった科学哲学から上方に離脱する、科学的認識に関する〈ドローン的視野〉を手に入れ、これに慣れ、視野を自在に切り取りながら考察を深めることが重要になってきた。

それは、ある地点に住まう人間が目に入る光景を言葉にし、それを素材にして論理的に組み立てた帰結が、いかに局所的な意味しかもたないことかを、自らに気づかせる疑似体験である。人間が使用している言葉も論理も、実は危ういものなのだ。こうして斜め上方から見つけた、かつてはよく踏まれ、今は廃道となった認識論史上の小径をたどって高みに達し、生物学／生命科学の歴史におけるレヴィ・ストロースの境地を、まずは目指すのだ。いくつか難所を越えた後、こうしてたどり着いた穏やかな頂に腰を下ろし、用意した大きな方眼紙を広げて、認識論史のクロスワードパズルを解く作業に入っていくのである。

機械論という自然哲学

ではなぜ、現在の生命科学は「薄い機械論」という自然哲学の上にあると診断するのか。この問いには、第一に、現在の生命に関する自然哲学をどのようなものと認定するか、第二に、その場合における機械論の意味、第三に、〈薄い〉という形容詞の妥当性、の三つについて答える必要があるだろう。

まず、現在の生命に関する自然哲学については、少し強引に見えるが、J・D・ワトソン(James Dewey Watson: 1928〜)が書いた『遺伝子の分子生物学』の初版(一九六五年)の第二章のタイトル、「細胞は化学法則に従う」(p.32)という一文にそれは集約されている、とここでは仮置きして論を前に進める。ワトソンが掲げたこの表現には、かつて「分子生物学的生命観」と言われた、生命に対する新機軸の科学的説明が象徴されている、と考えられるのである。

第二の、機械論に関しては、いま英語で言う機械論(mechanism)は十九世紀ドイツのMechanismusの直系思想であることを、『時間と生命』、『バイオエピステモロジー』以来、繰り返し論じてきている。十九世紀のMechanismus(以後は原則として機械論と記す)は、ドイツの先鋭的な生物者たちが採った、非常に影響力をもった考え方である。具体的にはそれは、生命現象は物理・化学で説明できるとする明示的な哲学的主張であるが、同時にそれは、具体的な研究プログラムでもあった。ここで重要なことは、この時代、「生命現象は物理・化学で説明できる」とする主張は、ひとまとまりの自然哲学を形成していたことである。

さらにその基本には、自然現象はすべて物質の運動の結果であり、「物質&力」という二要素に分解して考察するのが真の科学的思考であること、そしてこの方法をおし進めて行けば、いつの日にか世界の一切はニュートン力学で説明できる、という確信があったことである。文字通りの「力学主義Mechanismus」である。加えて当時は、物質と言えば原子/分子を意味していた。しかも原子/分子はまだ直接的には実証されてはおらず、有力ではあるが仮説的存在であった。

このような自然哲学においては、原子／分子は議論するまでもなくニュートン力学を適用すべき対象であり、それを剛体の球形微粒子で代置するのは当然のこととされた。だから、生命現象を原子／分子の振る舞いで説明しようとする生物学者は自他ともに認める、「機械論 Mechanismus」者であったのである。

後の「ニュートン主義の罠」の議論のために、とくに心に留めておいてほしいのは、機械論者にとって分子は、球形微粒子で近似される不可視の仮説的存在であったことである。そして、この自然解釈の枠組みの上で、生命を矛盾なく力学的に説明してみせることが、十九世紀ドイツの先鋭的な生物学者の目標であった。その具体的産物が、ネーゲリのイデオプラズマ説であったり、ワイズマンの生殖質説であったりしたのである（『バイオエピステモロジー』を参照）。

一方、当然のことではあるが、機械論では生命は説明できないと考える立場が現われる。これがVitalismusである。だからその出自からして、生気論には不可避的に反機械論という本性があり、この二者は合わせ鏡のような関係にあった。この生命に関する二つの見立てを、Mechanismus vs Vitalismusという二項対立に図式化し広めた一人が、絶大な影響力をもった生物学者、E・ヘッケル（Ernst Haeckel: 1834~1919）であった。彼はその主著『一般形態学 *Generelle Morphologie*』（一八六六年）などの中で、この二択図式を主旋律に置いて繰り返し強調した。そして、科学的なものは前者のみであり、後者は形而上学的で非科学的なものだと非難した。ところで日本では、一九三〇年代に入ってこれに「機械論vs生気論」という言葉が充てられ、現在に至っている（丘

英通『（岩波講座哲学）機械論と生気論』、一九三一年）。

ここで注意すべきは、Vitalismus／生気論という言葉が帯びる語感である。生気論ほどそれが漂わせる語感が、この一世紀の間に、天国から地獄へと激変した例は、他には見当たらない。その境目は一九三〇年代中期にあった。

「生気論者は、生命は物理・化学では説明できないとして生命力 Lebenskraftを主張した」という表現を目にすることがある。しかし、「生気論＝生命力の主張」と等号で結びつけることは、歴史の実態を反映してはいない。確かに、十九世紀末／二十世紀初頭においても、生命は物理・化学では説明できないという一点だけを言いたい〈消極的な生気論〉は少なくなかったが、すでにこの時点では、特有の生命力を擁護する者はほぼ絶無であった。「生気論＝生命力の主張」となってしまう実情は、後に述べるように機械論者は、「物質＆力」の二元的発想を強制される自然哲学の下にいるからである。

なるほど十九世紀初めにまでさかのぼれば、説明原理として生命力を持ち出す学者は、幾人もいた。これらの生命力説を、確立されたばかりの「エネルギーの保存則」（当時は「力の保存則」と表現された）を論拠にすべて拒否してみせたのは、この時代を代表する生理学者、デュ・ボア・レーモン（Emil Heinrich Du Bois-Reymond: 1818～1896）であった（拙書『時間と生命』p.38～53に「生命力について　ある信仰告白」を掲載）。

にもかかわらず二十世紀を通して、生気論は「生気論＝生命力の主張」だと単純化し、戯画化してゴミ箱に捨てる立場が大半であった。その理由の一つは、正統派機械論にしてみれば、生命力としか見えないものを、二十世紀初頭にH・ドリーシュ(Hans Adolf Eduard Driesch: 1867〜1941)が主張したからである。それが「エンテレヒー Entelechie」概念である。ドリーシュは、エンテレヒーをエネルギーでも力でもない、しかし自然に属す作用因であると主張した。ドリーシュについては第三章で論じるが、ひどく難解なものに見えるこのエンテレヒー概念は、現代の生命論の議論に絶大な影響を与えてきているのであり、この点では扱いを別格にすべきである。

後に述べるように、二十世紀のエンテレヒー体験は、現在の「薄い機械論」の沈黙部分の構成要素となっている。一九三〇年代後半以降、Vitalismus が vitalism と英語で表わされるようになるころから、生気論は非科学的で取り上げるまでもないいかがわしい説とするのが定番になり始める。そして第二次世界大戦後は、生気論はエンテレヒーとともに完璧な非難の言葉となり、激しい蔑視語となった。生物学者/生命科学者は、いつ「生気論者!」と糾弾されるかもしれないという怯えから、もっぱら生化学的実験に忙殺される風を装ってきた。

論を戻すと、「生命は物理・化学で説明できる」と主張するのが機械論であるかぎり、「薄い機械論」は十九世紀ドイツ機械論の正嫡である。だがいまの生命科学者は、自身が産出する論文群が、広義の機械論という自然哲学の上にあることを、まったく意識をしていない。この本は、ワトソンの「細胞は化学法則に従う」の一文に現在の機械論が濃縮されていると見なして論を進めてきているが、この判定が正しいとすると、十九世紀には世界を包摂した自然哲学(Naturphilosophie)が、二十世紀後半以降は教科書のほんの一文にまで収縮したことになる。だとすると、「全世界についての言明 vs 教科書の中の一教義」という二つの自然哲学の極度の対照性を、明確な形に示すことが鍵になる。そしてその作業は、眼前の「薄い機械論」を解体することで結果的に明らかになるはずなのである。ここで〈薄い〉とは、自然哲学の表出の形があまりに薄くなり教科書の中の一文にまで収縮してしまい、辛うじて他の時代の自然哲学と対応させることが可能な現状を指す意味も込められている。

現行の生命科学を制度として凝視すると、下から上までの全域において、そこでの全文節をすべて機械論哲学の上に構成するという、自然哲学的手続きを完了させているように、見える。わざと変化球を投げれば、現代社会では「薄い機械論」哲学の上に生命科学の全研究予算が組まれ、研究棟が建設されており、この自然哲学は巨大な研究体制として〈物象化 Versachlichung〉を完成させている、と言ってよい。機械論は新旧とも異常に強い浸透力をもつから、「強い浸透力をもつ、薄い機械論」とした方がより正確なのであろう。

ところで、薄い機械論≒分子生物学的生命観と仮置きすると、反生気論の観点から、F・クリック（Francis H. C. Crick: 1916〜2004）に触れないわけにはいかない。クリックは、たんぱく質発現の仕組みを解明する過程で、驚くべき洞察力を発揮したのだが、他面で、哲学的な極論を述べてみせ、直面する重要課題のありかを提示しようとした人でもあった。

クリックは、初期分子生物学の概容がほぼ完成した一九六〇年代中期に、『分子と人間 *Of*

Molecules and Men』（一九六六年）という本を出し、「事実がドアから入ってくるとき、生気論は窓から逃げ去っていく」とし、「生物学における現代的運動の究極的目標は、実際に、全生物学を物理と化学の用語で説明することにある」（p.10）と明言した。分子生物学的生命観を結晶させた表現である。

その上で、ドリーシュやベルクソンのような真性の生気論者だけではなく、物理・化学ではない、生命領域独自の法則の可能性について議論を展開した、生物物理学者、エルサッサー（Walter M. Elsasser: 1904～1991）のような人間までを、〈新生気論者〉だと非難した。当時、これは言い過ぎであると正面から言うのは、論理的にもなかなか思いつかないことであった。そんな中、発生学者のC・H・ウオディントン（Conrad Hal Waddington: 1905～1975）は、この本を書評する形を借りて、表面的にはクリックに賛成しながら、間接的に彼の過剰な決めつけをたしなめる表現をとって、バランスをとる役割を果たした（*Nature*, Vol.216, p.202～203, 1967）。

自然哲学の次元で見ると、DNA二重らせんモデルのもう一人の発見者であるワトソンの方が、格段に影響力のある仕事を、しかも自覚的に行なってきている。ワトソンは、DNAモデルの発見以降の分子生物学にとっては、あちこちに散らばっている研究成果を速やかに統合し、まず研究者の間で確かな共通認識を形成することが重要だと確信し、画期的な分子生物学の教科書を作ることに精力を注いだ。それが一九六五年に出版された『遺伝子の分子生物学 *Molecular Biology of the Gene*』である。初版はワトソンの書き下ろしであったが、以降、七〇年に第二版、七六年に第三版、八七年に第四版、〇三年に第五版、〇八年に第六版、一三年に第七版を出し、第四版からは共著としている。むろん版ごとに、分子次元の遺伝について最新の成果を要約・編集し、客観的な事実を淡々と述べる教科書の立場に徹している。バイオエピステモロジーからすると、このように積極的に、最新の分子次元の研究成果を要約し、分厚い成書とすること自体が、現在における突出した自然哲学を形成する形である。

第五章で、現在に表出した自然哲学の具体例を議論するが、ワトソンの教科書の内容構成や表現様式から、自然哲学的な要素を抽出するのはそれほど難しいことではない。ワトソンは言わば「薄い機械論」の教導者であり、着実にその影響力を発揮してきた。ワトソンが関わった諸著書は、ワトソン個人の考えの表明ではあるが、同時に、現行の生命科学の準公式見解であると解釈して良いのである。

ブレンナーの諦念——生化学による分子生物学の併呑

生命を分子で説明するという、分子生物学の形成期の目標設定と対比してみると、二十一世紀の生命科学は広義の化学へと回帰している。それを象徴するのが、たとえば二〇〇五年に新しい専門誌『*Nature Chemical Biology*』が創刊されたことである。

半世紀前、分子生物学の形成期の真っただ中で、『*Journal of Molecular Biology*』という専門誌が創刊され（一九五九年）、六〇年代を通してこの分野を代表する専門誌となったが、研究対象

〈研究者は〈材料〉と呼ぶ〉が、初期の大腸菌やウイルスから、真核生物の酵母や多細胞生物に拡大していくにともなって、当然、この雑誌の枠組みに収まりきらなくなり、却ってその求心力を失っていった。

少し戻ると、一九五三年のDNA二重らせんモデルの発見は、むろん、バイオエピステモロジーの観点からも、突出して重要な出来事である。だが、詳細に調べられている発見史次元の歴史とはまったく別に、DNAモデルの発見とその受容を認識論的角度から検証する作業は、不徹底なまま残されている。例えば、ワトソンの『二重らせん *The Double Helix*』(一九六八年、訳本は講談社文庫)に出てくるが、ワトソンとクリックの二人は最後まで、結合するのは同じ分子どうしのはずという、旧来型の化学の発想に、無意識のうちに縛られていたことがある。最終段階でワトソンが、アデニンとチミン、グアニンとシトシンという異種の塩基が向き合って水素結合をするという、誰も考えたこともなかった分子構造にふと思い至ったことで、画期的成果にたどり着いたのである。さらに言えば、DNAモデルが発見された直後しばらくの間、関係者の間に広がった解脱や法悦(ecstasy)に近い、静かな虚脱感がある。このような言葉になりにくい感覚は、DNA二重らせんモデルが、物理/化学/生化学の伝統的思考の範疇外のものであったことを示している。バイオエピステモロジーの関心事は、こういう角度のものである。

ワトソンとクリック個人に責を負わせるわけではないが、その後、表面的には五年ほどの静寂を経て、形成期に入った分子生物学にとって、哲学的な分岐における二人の影響力は、やはり絶大であった。

　クリックは、ＤＮＡの塩基配列がどのような仕組みでたんぱく質を決めているか、を実験的に解明していこうとしたとき、関連する論文を大量に読み込んで、論理的でかつ大胆な仮説を組み立てて、行なうべき実験を示し、進むべき方向へ先導した。「たんぱく質合成について On Protein Synthesis」（*Symposium of the Society of Experimental Biology*, Vol.12, p.138〜163, 1958）というレビュー論文がそれである。萌芽状態にある、あちこちに分散していた実験事実から、たいへん包括的な予想を組み立てた。クリックでなかったら、思弁（speculation）だと一蹴されたであろう、大胆な推論である。

　序文でクリックは、たんぱく質の合成過程を解明する意義をこう強調する。

「生物学者は、たんぱく質の重要性と比較し得るような一群の生体分子がまだ未発見であるかのような、思い違いをしてはならない。そんな可能性はまずない。自然は、たんぱく質分子という形態の、単純な基礎の上に非常な繊細さと多能性を展開するユニークな道具立てを発明した。この特殊な善の組み合わせを明確に把握するまでは、分子生物学が適切な展望を持つことはできない。」(p.139)

　反生気論の旗手として、徹底した機械論に立つクリックだが、ごく親《ちかし》い研究仲間には、生命に対して目的論的な表現すら用い、自身の価値観までも披瀝している。

　クリックが予言した内容は主に以下である。①たんぱく質を構成するアミノ酸は二〇種である、

②核酸の塩基配列が、たんぱく質のアミノ酸配列をコードしている（配列仮説）、③遺伝情報は核酸からたんぱく質へ一方向にだけ移動する（この仮説性への注意喚起として、意図的に「セントラル・ドグマ」と表現した）、④DNA塩基配列を転写して細胞質の中に引きずり出す役割が必要で、それはRNAである（テンペレート仮説。まもなくこれはメッセンジャーRNAと命名される）、⑤転写されたRNAの正しい位置にアミノ酸残基を運ぶアダプター役の分子が必要である（アダプター仮説）、⑥重ならないように読む核酸塩基の3塩基ごとが、一つのアミノ酸残基をコードする……。これらはみな、異様なほどの見通しの良さであり、驚いたことにそのほとんどが、わずか数年の間に実証されてしまった。

後の議論のために、クリックの「情報 information」という言葉の使い方を見ておく。クリックは、開けつつある分子生物学の視野から〈情報〉という概念をいちばん外辺にまで押しやり、来るべき分子生物学の領分を、分子という物質が構成する仕組みを解明することまでとし、恐らく意識的にそこに線を引こうとした。彼は、「セントラル・ドグマ」の項の初めでこう言っている。「ここで、情報とは、核酸の塩基の配列が、たんぱく質におけるアミノ酸側鎖の配列を正確(precise）に決定することを意味する。」(p.153)

ここで再度、一九五三年の最重要事件にまで戻っておこう。

DNA分子の二重らせん構造から、これが、それまで謎であった遺伝現象に対応した分子次元の実体であると、発見者当人が直感するのは、ごく自然である。DNA二重らせんモデルを提案した論文（*Nature*, Vol.171, p.737〜739, 1953）とは別に、ワトソンとクリックはこれに続いて、「デオキシリボ核酸の遺伝的含意 Genetical Implications of the Structure of Deoxyribonucleic Acid」（*Nature*, Vol.171, p.964〜967, 1953）を書き、ＤＮＡ（この時代はまだデオキシリボ核酸と表記している）分子の構造は、遺伝現象を分子次元で担う実体ではないか、と指摘している。

「われわれの分子モデルにおいて、リン酸＝糖骨格は完全に規則的であるが、塩基対はどんな配列でもこの構造となり得る。このことは、この長大な分子は多数の順列をとることが可能であり、それゆえに塩基対の厳格な配列は遺伝情報（genetical information）を運ぶコードである可能性があると思われる。」（p.965）

ただし、その結びでこう言っている。

「立ち止まって考えると、デオキシリボ核酸の再生についてわれわれが提案した一般的図式は、思弁的（speculative）なものと見なされなくてはならない。たとえこれが正しいとしても、われわれが述べたことは、遺伝的複製の構図が細部まで記載されるまでは、多くのことが未発見であるのは明らかである。長い核酸の先駆体はどのようなものか？　二重らせんの対は、どう解かれどう離れるのか？　たんぱく質の正確な役割は何か？　染色体は、デオキシリボ核酸の長い一本の鎖から成っているのか、あるいは、たんぱく質で結びつけられた核酸の継ぎ合わせから成っているのか？

このように多くは不確実であるが、われわれが提案したデオキシリボ核酸の構造は、遺伝的複製に必要な鋳型の分子的基盤、という生物学の基本問題の一つを解決するのに寄与するであろうと感じて（feel）いる。われわれが示した仮説とは、鋳型はデオキシリボ核酸の一つの鎖で構成される塩基のパターンであること、そして遺伝子（gene）はこのような鋳型の相補的（complementary）な対を含むこと、である」(p.966)

ほとんどが思弁であることを率先して認めながら、すでにこの時点で、ＤＮＡと遺伝子概念が、非常に接近した位置にまで来ていることを強く示唆する論調になっている。それにしても、『*Nature*』誌は「と感じている」という表現をよくも認めたものである。やはり分子生物学という新分野の形成期にあっては、論文そのものが自然哲学に近い位置のものであるため、論文中の表現を選択する過程で、無意識のうちに自然哲学的な調整を行なう作業と重なることになる。

分子生物学の第一段階の骨格は一九六〇年代中期にできあがるが、それは細菌とウイルスを実験材料とした上での成果の集成であった。だがともかく、遺伝という生命の重大な謎の一つが分子次元で解けたと、当時のほとんどの分子生物学者は確信した。新しい科学的生命観の出現である。フランスには、知識人は頭脳を働かせて哲学を展開するものという社会的な通念がある。この伝統に沿ったのが、Ｊ・モノー（Jacques Lucien Monod: 1910~1976）の、『偶然と必然 *Le Hasard et la Nécessité*』（一九七一年、邦訳は一九七二年）という著作である。モノーは、Ｆ・ジャコブ（François Jacob: 1920～2013）とともにオペロン説を提出し、一九六五年ノーベル生理学医学賞を受賞した、多才な研究者である。

このモノーの著作は、突如、フランス読書界に登場してベストセラーになり、世界的にも売れた本である。その認識論史上の意味に一言触れておけば、英語圏の分子生物学者の関心は、生体分子の近くに視野を設定し、その構造と機能に限られたものであったのに対して、モノーは、分子次元の生物的自然が、恐ろしく合目的的である事実を正面から認め、これに哲学的な解答を与えようとしたことである。フランスの知識人としての、モノーの誠実さである。

華々しく生物学の本流を占めるようになった分子生物学であったが、七〇年代以降、研究材料が真核生物に広がり、実験操作技術が洗練され浸透していくにつれて逆に、新興生物学としての求心力は失っていった。

『*Nature*』誌は、ワトソン＝クリック論文が掲載されて二一年目の一九七四年に、ＤＮＡ二重らせんモデル発見についての評論集を企画した。その中で、Ｓ・ブレンナー（Sydney Brenner: 1927～）の評論、「分子生物学の新しい動向 New directions in molecular biology」（*Nature*, Vol.248, p.785～787, April 26, 1974）は、分子生物学の勃興に関わった者の自己診断として出色である。分子生物学初期の生化学との衝突と、その後の安定期に入るやいなや、事実上、生化学に回収されていく事態を、ブレンナー特有の鋭敏な感性で冷静に述べている。

その冒頭はこうである。

分子生物学は、生きものの振る舞いを、それを構成する分子の言葉で説明する研究以上のものではない。それゆえ、この学問はきわめて古く、ワトソンとクリックが二一年前、この雑誌でＤＮＡ構造の発見を宣言したのより、ずっと古い。生化学は一九五三年以前、すでに主要な研究領域として存在していたのであり、中間代謝や生合成を分子の言葉で理解するのに絶大な寄与をしてきた。二重らせんモデルが登場したとき、それは、生物システムにおける物質とエネルギーの変換問題で頭がいっぱいだった、生化学の権威筋には直接的影響をほとんど与えなかった。また、遺伝や発生は複雑な現象だと考える大半の生物学者にとっては、極端に単純に映るこのような理論で説明できるとはとても思えず、疑いの目を向けられた。この発見に対しては、新しいアイデアを熱狂的にとりあげようとする、小さな集団から強い反応があった。初期の私の記憶では、それは少数の選ばれた者による布教運動（evangelical movement）であり、しばしば懐疑的な異教徒の説得に困難を極めた。昔と比べれば、二重らせんは、生物システムにおいて、物質とエネルギーと同様に情報も研究できるという事態をもたらしたことを見て取れる。一方、遺伝子は化学の対象に組み込まれ、その構造と機能は、生化学的機械の用語で分析され理解できるようになった。（p.785）

そしてブレンナーは、この評論をこう結んでいる。

分子生物学の哲学的結論については、これまでたくさんのことが書かれてきた。私には、いま構想すべきことはきわめて明白であるように思える。われわれは、物理法則すべてと一切矛盾しない、だが特殊なメカニズムを包含する、物理的世界の特殊な一領域を探索している。生物システムの中に新しい自然法則が見つけられるだろうという見解は、誤っていたのであり、その期待も恐れも共に消え去った。われわれの仕事はまったく単純に、これらの機械の興味深い部分がどう機能するのか、それらはどう形成されるのか、それらの過程はどう出現するのか、について発見することである。ある意味で、その解答群はすでに存在しているのであり、われわれがすべきことのすべては、それらを自然の中に見出す方法を発見することだ。これが、私には分子生物学が不可避の技術（art）と見える理由である。（p.787）

ブレンナーの諦念は正鵠を得ており、それから四〇年経ったいまも、事態は変わっていない。生命科学においては、「生化学の圧勝」状態が続いており、自然哲学の次元で、分子生物学は生化学に編入されてしまっている。実際、この間のノーベル賞を見ると、広い意味での生化学が医学／生理学賞と化学賞のほぼ半分を占めている。だがさすがに二十一世紀に入ると、この光景に対する異議があちこちであがってきている。これまでの議論から、生命を分子次元で解明しようという構想（＝機械論）そのものに検証の目を向けることになり、それは必然的に、分子次元の上位にある細胞という自然に対するこれまでの〈見立て〉が問題になることである。そしてそれがこの本の主題である。

たとえば、アメリカ細胞生物学会（ASCB: American Society for Cell Biology）は、設立五〇年を機に、第一線の研究者にエセーを依頼した。「細胞生物学は多様な専門領域と実験哲学の坩堝である」という認識の下に、以下のテーマを提示した。①五〇年後、細胞生物学はどこに向かっているか、②細胞生物学にとって未解決の大問題と取り組むべき課題は何か、③若い研究者がこれらの課題に適応するのに、どんな準備が必要か。（*Molecular Biology of the Cell*, Vol.21, p.37/61, 2010）

ワトソンとともに細胞分子生物学の教科書『細胞の分子生物学 *Molecular Biology of the Cell*』を書いた、B・アルベルツ（Bruce Alberts）は、「細胞生物学：果てなきフロンティア Cell Biology: The Endless Frontier」（*Molecular Biology of the Cell*, Vol.21, p.3785, 2010）でこう述べる。「私は、科学者としての早い時期から、細胞生物学に非常に長く取り組んできた。われわれは、細胞や生物体について学べば学ぶほど、さらに未解決の新しい謎の虜になるだろう、私はこう間違いなく予言できる。今日の細胞に対するわれわれの見方は、二〇六〇年のアメリカ細胞生物学会一〇〇年祭にこれらのエセーを読めば、信じられないほど単純と思われるのは確実である。私にとって、〈果てなきフロンティア〉という科学への信頼以上のものは何もない」。

アルベルツは既存路線を代表する研究者として、あえて楽観論を述べ、現在の延長線上に未来の光景があるとする。「果てなきフロンティア endless frontier」は、一九四五年にV・ブッシュ

(Vannevar Bush: 1890～1974）が、科学研究に対する政府助成の重要性を説いた報告書のタイトルである。

だが少数派ではあるが、これに対してたとえば、ハーバード大学医学部のＭ・ミチソン（Timothy J. Mitchison）は、「なお残る細胞質のミステリー Remaining Mysteries of the Cytoplasm」（同、Vol.21, p.3811～3812, 2010）で、細胞内の自然を謎としてとらえるのである。

「細胞質（cytoplasm）の立体的組織とダイナミクスほど、生命のミステリーを濃縮したものはない。ある分子の束が、いかに巧妙であったとしても、なぜ、その分子自身よりはるかにスケールの大きな空間に合わせて複雑に振る舞うことができるのか。私の考えでは、ＤＮＡ配列から細胞の構造とダイナミクスを予言できたとき初めて、細胞学者としての責を果たしたことになる。だがその目標にはなおほど遠いし、そもそも概念的に実行可能であるかどうかも分からない」。

この本の後半で、「薄い機械論」という自然哲学を代表するものとして、ワトソンとアルベルツの教科書を取り上げ、そこでは、物理・化学の手法を生命に当てはめることと、解釈のし方の双方を検証し直すことになる。その結果は、分子生物学が影響力をもっていた二十世紀後半になされた言い過ぎの部分で、今日なお惰性的に残っている部分を解体する方向に向かうことになるだろう。分子生物学的生命観による過剰な解釈や説明を取り去り、謎を謎として誠実に据え直すことが、次への展望を引き寄せると思うからである。

第二章　熱運動嫌悪症と「ニュートン主義の罠」

十九世紀ドイツ機械論：カント、デュ・ボア・レーモン、M・フェルボルン

前章ではこう述べた。現行の生命科学は、強い浸透力をもつ「薄い機械論」の上にあること、その先駆は十九世紀ドイツ生物学の機械論であること、そして十九世紀ドイツ機械論は、〈世界のニュートン力学的包摂〉という企てを主軸とする自然哲学の一部であったこと、である。天体の運行を計算で正確に予測できるニュートン力学を、地球上の諸現象に適用しようとするこの哲学的態度は、内容としては「力学原理の普遍妥当主義」の主張であり、〈力学主義〉という訳語の方がふさわしい。

「ニュートン主義の罠」については、ここで先回りして述べておこう。ニュートンは、天体の運行と、物の地上への落下を、同一の万有引力を仮定することで、自然を統一的に説明する数学

的理論を完成させた。「ニュートン主義の罠」とは、そのニュートン力学を地上の諸現象の説明に用いようとした時、これに伴う方法論上の無理が引き起こす、自然解釈上の副作用を指す。ニュートン力学は万有引力を前提にしており、地上の物体間では引力は極端に小さくなり、引力抜きの運動方程式を一般的に当てはめることになる。そのためにこの自然哲学の下では、対象の自然すべてを「物質&力」二項で考えることを強制され、物体はすべて、天体のように虚空を飛び回る球形の剛体で置き換えるよう強いられることになる。だからここでのニュートン主義最大の罠は、理想気体の上に組み立てられた熱力学理論を、複雑な生体分子が水溶液中で機能する細胞内の自然に対して、これを神経症的に適用しようとする態度となって現われる。

十九世紀ドイツ機械論に戻ると、その基盤には、堅固な自然哲学的伝統が先行して存在した。カントが前提とした自然哲学である。十九世紀末の機械論を議論する際にも、カント自然哲学は深く関わってくるので、ここで述べておく。

カントは、いわゆる三批判の書（『純粋理性批判』、『実践理性批判』、『判断力批判』）の形をとった、彼自身の哲学の体系に並置させて、内容的にこれとは矛盾しない自然科学をその視野の内に配置した。それがニュートン力学であった。カントにとって、完全な形の自然科学はニュートン力学だけであり、このニュートン力学を基盤に、人間の自然認識を論理化し体系化しようとした。この作業を行なうにあたって、物理学の上位にあって物理学について語る立場という意味をこめて、これを形而上学（Metaphysik）と呼んだ。それが、『自然科学の形而上学的原理

Metaphysische Anfangsgründe der Naturwissenschaft』（一七八六年）という作品である。ここでは、自然は物体が空間中を運動するものとしてのみ、考察の対象となる。そして、ニュートン力学が認識の基礎にあることを前提に、ここから論理的に導き出されると彼が考える定理がいくつか示され、それぞれの後に〈証明〉、〈注釈〉と区分けされる、少し奇妙な文章が配置される形で、各章が構成されていく。

たとえば、「第三章　力学の形而上学原理」の定理3は、このようなものである。

「定理3（Lehrsatz 3）　**力学の第二法則**。物質のあらゆる変化は外的原因をもつ（どんな物体も、外的原因によってその状態を変えるよう強制されない限り、静止か、その方向にその速度で運動する状態を保ち続ける）。

証明　（一般形而上学に従って、変化はすべて原因をもつという基本原則を採用する。ここでは物質は、その変化はつねに**外的原因**（äussere Ursache）をもたなくてはならないことのみを証明する）。物質は、〔人間の〕外部感覚のただの対象として、空間における外的関係以外のいかなる決定性もない。だから、運動を通じての変化以外、どんな変化も受けない。つまり、ある運動から他の運動へ、あるいは静止へ、さらにはその逆の変化には、（形而上学原理によって）その原因が存在しなくてはならない。そしてこの原因は、本当には内的なものではあり得ない。なぜなら、物質は決して内的な決定性や決定性の根拠をもたないからである。つまり、物質のあらゆる変化は外的原因による（あるいは、物体はその状況を維持する）。

注釈　この力学法則だけが**慣性**（Trägheit）の法則（*lex inertiae*）と呼ばれるべきである。反対方向に等しい作用を生じる反作用の法則は、この名を担い得ない。反作用の法則は、物質が何をするかを述べているのに対し、この法則は、何をしないかを述べており、こちらの方が慣性の表現によりふさわしいからである。物質の慣性とは、物質がそれ自体として**非生命性**（Leblosigkeit）であることで、それ以外の意味はない。**生命**（Leben）とは、その**内的原理**（inner Princip）で行動する能力のある**実体**（Substanz）を意味し、その状態の変化を決める場合、**有限の実体**としては自身で変化し、**物質的実体**としては自ら運動もしくは静止する。」（以下略）（原著、p.82～83）

全体として、たいへん透徹した論理で貫かれてはいるが、その論理的見通しの良さは、ニュートン力学だけを念頭に置いて、自然解釈の一般化を行なっているからであり、このことは容易に見てとれる。実際、自分で動き回る生きものは、とりあえず彼の考察対象からは外されている。だが明らかに、カントの〈ニュートン力学至上主義〉は、後の十九世紀後半のドイツ機械論に直結しない（ともにMechanismusなのだが）。その理由は、カントが、物質は無限に分割可能なもの、と考えたからである。同じ書の第二章にある定理4は、こういう一般的言明になっている。

「定理4　物質は**無限に分割可能の形**（ins Unendliche theilbar）にある。そしてまたその部分は同様の物質である。」（p.40）

のちに見るが、十九世紀末のドイツ自然科学に対する、カント自然哲学の影響は、直接的にも間接的にもなお絶大であった。

そんな中、海を隔てたイギリスに登場したのが、ドルトンの原子説であった。化学者、J・ドルトン（John Dalton: 1766〜1844）は、自身の研究成果を中心に『化学の新体系 *A New System of Chemical Philosophy*』（一八〇八年）をまとめ、出版した。ここで彼は、それまでは漠然と、最小微粒子のイメージとしてのみ語られていた元素を、化学的性質をもつ実在する究極微粒子という確信の下に、化学反応の前後で試料重量を正確に測ることの重要性を指摘し、今日でいう原子量の基本思想を示したのである。本の末尾でこう言う。

「この著作の大きな目的の一つは、**単体および化合物の究極粒子の相対的重量、一個の化合物粒子をつくりあげる単一元素の数、そして、より複雑な化合物粒子を作るのに入ってくる簡単な化合物粒子の数**（原文はイタリック）、を確かめることの重要性と利点を示すことである。」(p.213)

こうして、原子論に立脚した化学の体系化が実現した。そしてそれがカントの自然哲学と結合するのは、時代の必然であった。ニュートンとドルトンの主張が融合してドイツ機械論となり、これが、さまざまな研究プログラムを推進するエートスとなる。そしてここでは、第一世代のドイツ機械論を代表する生物学者としてデュ・ボア・レーモン（Emil Heinrich Du Bois-Reymond: 1818〜1896）を考え、彼に焦点を合わせることで機械論の性格を明確にしておきたい。デュ・ボ

第2－1図

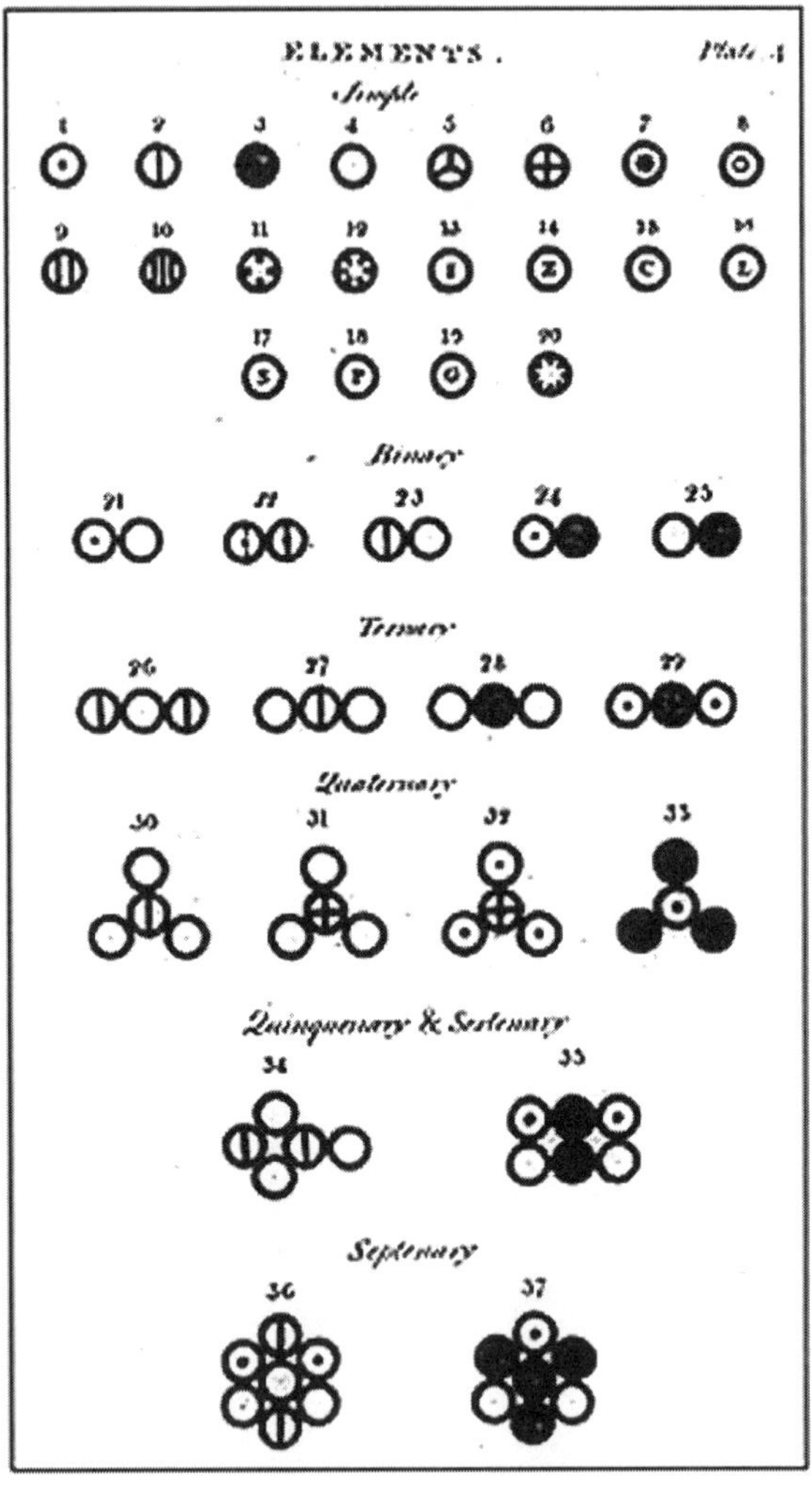
ELEMENTS.
Simple
Binary
Ternary
Quaternary
Quinquenary & Sextenary
Septenary

ア・レーモンは文字通り十九世紀ドイツを代表する生理学者であり、機械論か生気論か（Mechanismus vs Vitalismus）という議論がもち上がると、その要所要所で自らの見解を述べ、重要な役を果たした。

デュ・ボア・レーモンは、ヨハネス・ミュラー（Johannes Peter Müller: 1801〜1858）の神経生理学に魅かれて弟子となったが、体調の良くないミュラーに代わって、師が抱いていた研究構想を検証可能な実験の形に翻訳して実行に移し、動物の筋肉における活動電流の研究に邁進した。その成果はたちまちあがり、一八四八年に『動物電気の研究 *Untersuchungen über tierische Elektrizität*』として公刊した。デュ・ボア・レーモンはその序論のなかで、ニュートン力学の力の概念を確認したうえで、当時完成されつつあった熱力学の「エネルギーの保存則」をも根拠にして、さまざまな形の生命力（Lebenskraft）を否定してみせた（拙書『時間と生命』、p.38〜53に訳文「生命力について　ある信仰告白」を掲載）。

ところで少し戻るが、ミュラーの学生になったばかりの二四歳のデュ・ボア・レーモンは、一八四二年に、友人に宛てた手紙にこう書いている。師のミュラーが、神経反応の解釈に関して特別な生命力概念を採用したことに反発して、「ブリュック（Ernst Brücke: 1819〜1892）と私は、〝生命には厳密な物理・化学の力以外のものは作用しない〟という見解は真理である、とする誓いを画策した。」この話には続きがあり、誓いの声明文には二人に加え、H・ヘルムホルツ（Hermann Helmholtz: 1821〜1894）とC・ルートビッヒ（Carl Ludwig: 1816〜1895）が、自らの血で署名した。

つまりデュ・ボア・レーモンは、筋金入りの機械論者であったが、同時に、この自然哲学を野放図に延長することには、たいへん慎重であった。彼は、ドイツ機械論の禁欲派に相当する。そしてその思想的禁欲を貫く立場が、彼の言う不可知論である。

他でも述べたことだが、十九世紀ドイツの自然科学者が集まり、自然哲学に関わる諸課題で広範に議論を戦わせた舞台が、ドイツ自然科学者／医学者大会（Versammlungen Deutscher Naturforscher und Ärzte）であった。

デュ・ボア・レーモンは、一八七三年九月にライプチヒで開かれた第四五回ドイツ自然科学者／医学者大会で、「自然認識の限界について Über die Grenzen des Naturerkennens」という講演を行なった。その冒頭で、自然に対する認識活動についてこう述べている。

「自然認識――より詳しく言えば、自然科学的認識もしくは理論的自然科学という手段と意味における物質界の認識――とは、物質界の変化を、時間に依存しない原子の中心力の作用による運動にまで還元すること、もしくは自然の振る舞いを原子の力学に溶解（Auflösung）することである。この溶解がうまくいくとき、われわれの因果律への要請が満たされたと感じるのは、心理学的な経験事実である。力学の諸法則は数学的に表わされ、数学の諸法則と同じ論証的（apodiktisch）確実性をもっている。物質界の諸変化が、ある一定量の物質に付随する、一定量の張力と運動エネルギー、もしくはポテンシャル・エネルギーに還元されれば、その変化そのものにさらに説明されるべきものは残らない。
カントの『自然科学の形而上学的原理』の序文にある、「個別の自然科学では、そこで**数学**に出会えるぶんだけ、**真の**科学に出会うことになる」という主張は、数学を原子の力学に置き換えた表現にすべきである。」(『*Über die Grenzen des Naturerkennens*』一八八二年版、p.10)
まさに最後の一文において、カント自然哲学と原子論とが明確に連結されたのである。デュ・ボア・レーモンはこれに続いて、自然科学者は、「ラプラスの悪魔」を究極の理想にかかげて自然の解明に邁進する者であることは認めるにしても、それでいっさいが説明できるかのような大言壮語を吐くのは、真理の探究者としては不適切であり、説明不能のものは説明不能と言い切るだけの知的誠実さが必要である、とした。ちなみに、ラプラス(Pierre-Simon Laplace: 1749～1827)の原著『確率の哲学的試論 *Essai philosophique sur les probabilités*』(一八一四年)で、世界を計算する存在は「理性 intelligence」と表現されており、デュ・ボア・レーモンがここで初めて「ein Geist」(日本語では精神、幽霊)というドイツ語を充てたのだが、両者の間にはニュアンスの面で相当な開きがある。
デュ・ボア・レーモンは、説明できないことを説明できないと積極的に認める態度を「不可知 Ignorabimus」と表現した。ただしこの講演で不可知として挙げたのは、物質と力の起源、そして意識の存在であった。彼は、一八八〇年に行なった講演「宇宙の七つの謎 Die sieben Welträthsel」で、自然科学にとって説明不可能な謎を七つに絞り込んだ。物質と力の存在、運動の起源、生命の起源、自然の合目的性、単純感覚の起源、思考と言語、自由意志、の七つがそれである。ニュートン力学に立脚した自然哲学の限界策定である。

しかし、このような知的禁欲の側からの線引きは、かえって当時の自然科学者にあった科学研究に対する高揚感を刺激し、ヘッケルやネーゲリの著作意欲をかりたてる結果になった（米本『バイオエピステモロジー』、p.61～を参照）。

ここでは、われわれが採用している一世紀の時間差を設定する「冥界対話」の一方を、招き入れる目的で、この時点でのドイツ機械論本流の考え方を見ておく。ところで、一八九〇年代～一九二〇年代においても、生命現象と分子との関係をもっとも直接扱う分野は生理学（Physiologie）であった。この領域を代表するのが、M・フェルボルン（Max Verworn: 1863～1921）である。彼は、ベルリン大学とイエナ大学に学び、一八八七年にPhDを、一八八九年にMDを取得した。一八九五年にイエナ大学生理学の員外教授になった後、一九〇一年にはゲッチンゲン大学教授、一九一〇年にはボン大学の生理学教授に就任した。一九〇二年に、『生理学雑誌 *Zeitschrift für allgemeine Physiologie*』を発刊、一九一〇～一九一八年は『*Pflügers Archiv für die gesamte Physiologie*』の編集にも携わった。

そのフェルボルンが書いた教科書が『一般生理学 *Allgemeine Physiologie*』（一八九五年）であり、生命に関する認識では絶大な影響力をもった。ちょうどこの時、H・ドリーシュは独自の実験結果の解釈から機械論を捨て、新生気論へ舵を切ったが、この時点での生気論とは、以下に訳出するものと考えるが、もっとも妥当である。

フェルボルンの『一般生理学』第I章は「生理学研究の目的と進路」となっており、生理学と心理学の関係を論じた後、生気論を取り上げてこう論じている。

生気論（Der Vitalismus）

ここで、生命現象についての考え方に戻ろう。深く考えれば、物質的なものも心理的なものも、すべての現象は、共通の原因に拠る可能性が示唆される。われわれの探求の出発点である問い、すなわち、生命現象は無機的な自然現象と同様にそれ自身の原因に基礎をもつのか、という問いに対しては、**直近の**原因に焦点を合わせ、われわれの研究には乗り越え不可能な限界はないと考える限り、肯定的に答えられるはずである。ここで少し踏みとどまって**直近の**原因から離れると、われわれは以下のことを承知している。自然科学は、無機物体の現象は全体として、力を帯びた原子（Atom）として理解されること、そうだとすると、生きものの体の現象もそれを物質的に扱うかぎり、それ自体の物質と力に還元できるのか否か、という問いが生じることになる。

生気論はこれに「否」と答える。有機体には、生命現象を生じさせる、ある特別な力、すなわち生命力が支配しているとする。生命力は、生きている物質世界にのみ限られたもので、無機的自然である物理・化学的な力とは同じものではない。

生気論は、本質的にこの類の内容を含んでいる。そこでわれわれは、生命力仮説にはどれほどの正当性があり、何を根拠にしているか、を検証しようと思う。まず、生理学研究の発展の歴史を展望してみることで、生命力説の歴史を学ぶことができた。われわれは、刺激反応性の現象が継続するところで、この学説が生じるのをみた。また、生命力という概念に統一的な定義を与えることはできず、あいまいなままにあり、せいぜい怠惰原則があてはまることが明らかになった。神秘的で未知の生命力概念のこのような不透明さは、これを詳しく調べてみるとき、重大な欠陥となる。この概念が、判りやすく明確に定義されるなら、簡単に批判できるはずである。

生命力の主張は、これまでは、ある種の生命現象が物理・化学的法則には還元できない事実に、もっぱら依拠してきている。この事実は、すでにこれまでの生理学の研究の歴史の断片が示していることだが、われわれがこれまで生命現象において説明してきたものは、物体の粗い物理・化学的進行でしかなく、これらの進行のより深い原因を調べようとするとき、つねに解明できない謎に直面する、という気が重くなる事実を認識することになる。実際、ブンゲ〔註：ドイツの生理学者〕もこう指摘する。「生命現象を、より詳しく、より多面的に、より基本的に調べようとすると、それだけ、すでに物理・化学的に説明できたと信じていた過程が、それよりは複雑であり、ともかくその力学的説明は役に立たないという見解を、ますますとるようになる」。

これまで、要素的な面でも、一般的な面でも生命現象のほとんどすべてで、物理・化学的な説明がない状態にあることは、疑いようのない事実ではある。だが、この事実から、生命現象は一般的に物理・化学の法則によって成立しているのではない、とか、生命現象を生じさせる特別な生命力が存在する、という主張が、論理的に正当化されることは決してない。それどころかこの状況は、生命力の存在を否定する方向にあるとみてよい。

生気論者によるさまざまな努力にもかかわらず、彼らは、物理学や化学において無機的な力が示すような形で、有機体において、その特別な力を作用の形で特徴づけることに、いまだ成功していない。生命力の能力のもととなるはずの物質的な機能において、生気論者はこれまで、ただ複雑な物理・化学的な関係と表現するだけで、それ以上の主張はできていない。われわれは、長い間、生体のなかだけで見られる一定の物質は、生命力の効果で生じるもので、物理・化学的方法では説明できないもの、と信じてきた。かつてこのことは、生命力仮説にとって重要な根拠であったが、すでに一八二八年に、ヴェーラーがこれに一撃をくわえた。彼は、生体内の物質代謝でのみ生産される物質である、尿素$(NH_2)_2CO$を実験室で合成した。しかも尿素を、その異性体であり、原子の数は同じだが別の配列である、シアン酸アンモニウム$(NH_4)CNO_2$から作成した。シアン酸アンモニウムは、純粋な無機的な物質から合成された。この尿素の人工合成が成功して以降、有機体に特徴的な一連の物質も人工的に合成し得ることが、全面的に示された。これで、有機体においては特殊な生命力がこれらの物質を生じさせる、とする仮説は無用となった。もちろん、動物や植物の体を構成する物質の大半はまだ、合成に成功してはいない。確かに、最も重要な物質である卵白を実験室で合成できないのは事実であるが、その基本が達成されるのは間近のはずである。卵白の化学的成分は完全には判っていない。いまでは、どんな原子が含まれているかは判っているが、これらの原子が互いにどのように結びついているのかは不明である。卵白を人工合成しようとする試みの行く末はまったく予断を許さない、というのが本当のところである。そのもう一つの理由は、生体におけるこの物質の生成の物理・化学的条件について、理解できていないことがある。新しい時代の化学は、化学過程の進行は多かれ少なかれ、たんに必要な物質の存在だけではなく、他にある条件を満たしているか否かに拠ると考える。また現在の化学は、広い空間では起こらない多くの化学的転換が、毛細管と同じ条件の下では容易に起こることを示している。よく知られている例は、デベライナーのライターの白金綿における酸素と水素の結合である。細管から空気中に流れでた水素は、空気中の酸素とではなく、水素どうしが合体することが知られている。これが白金綿の小孔に達するとただちに結合が起こり、水素は光る炎をともなって燃えて水になる。この過程は「濃縮 Condensation」と呼ばれる。逆に、多くの化学過程では当該の物質が大量に存在するときにのみ生じ、少数の原子では起こらないことが知られている。これは「量的効果」現象として、実験室においてだけではなく、動物の体内でも重要な役割を果たしていることが、すでに示されている。ベントとプレヤーは、濃縮過程の進行と、毛細管では量的効果が効かないことを一括して、なぜ、有機体の細胞やその内側の毛細管空間においては、われわれが大量の場合にのみ進行させることができる一定の化学反応が進行するのか、についての一つの基盤と考えている。

特殊な生命力の仮説が支持できないとする、もう一つの考え方はこうである。何かある有機体について化学要素を分析してみると、有機体で見つかる化学要素はすべて無機的自然で見つかる、という事実を確信するようになる。また、われわれは、有機体を構成する物質はすべて、外から栄養として取り入れたものであることを知っている。無機的な栄養で生きる植物の場合は、大気からの炭酸ガスと、地中からさまざまな塩の溶けた水を吸い上げて、光の供給の下、水と炭酸ガスから、炭水化物である特殊な澱粉 $C_6H_{10}O_5$ を合成し、さらにここから複雑な物質を構成するのであり、これらの関係は完全に明らかにされている。光と栄養によって、植物に一定量のエネルギーが導入されるのであり、エネルギーの保存則がここで破られているわけではない。また他方で、エネルギーが発生しているわけでもないし、有機体を構成する物質の総量も、また物理・化学的な力をもつエネルギーの量もすべて、外側から有機体のなかに到達したものである。物理・化学的な力によって生じた、すべて外部に由来するこれらの物質以外のものは、有機体のなかには一切ないのだから、生命力のための根拠の余地はほとんどない。そこで生気論者が苦しまぎれに、根拠なしに有機体のなかに力を仮定し、有機体が成長するのに必要なものという逃げ道をとったとしても、それはエネルギーの保存則によって反駁されてしまう。

ヨハネス・ミュラーも、かつては生気論者であり、この困難を軽減しようと試みた。彼はその生命力は物理・化学的の法則に従って作用するもの、とした。しかし所詮それは、物理・化学的な力とはまた別の、特殊な生命力であり、この生命力の概念は、生命現象の条件に依存する、複雑な物理・化学的な関係の言わば総称なのである。実際、多くの自然科学者がこの言葉を同様の意味で解釈しており、それに、ヨハネス・ミュラーは、すでにエネルギー保存則を熟知していたのだから、生命力という言葉は、彼にとっては確実に無意味なものになっていたはずである。（p.46-50）

ここには、生気論者は必ず生命力を持ち出してくる者であること、一八二八年のヴェーラー（Friedrich Wöhler: 1800~1882）による尿素の人工合成に対する意味づけなど、正統派の機械論者が生気論を否定するときの定番の論法はそろっている。代表的な生理学者であるフェルボルンのこの論述をもって、十九世紀末／二十世紀初頭のドイツ機械論の確認作業は終えようと思う。

ニュートン主義の罠　その一、生命力の誘導／創出

この章の冒頭でも触れたように、ドイツ機械論の実質的な基盤は「ニュートン力学主義」であったのであり、そこで生命を構成する原子／分子は不可視の球形微粒子であった。百年前の科学

的認識におけるこの原子／分子観は、現在の「薄い機械論」が内包する分子機械観（これについては後述）とは相当、異質なものである。この点は記憶しておいてほしい。

十九世紀の先鋭的な生物学者が採用した、生命に対する見立てだとは言え、天体の運行と地上の生命とは、どう見ても別物である。機械論はそれを承知の上の哲学的な賭けであったが、当然それは小さくはない弱点を抱え込んでいるはずである。その十九世紀機械論に付随するはずの諸欠陥、本書で言う「ニュートン主義の罠」の実体を掘り起こすというのは、あまり気の進まない作業である。加えて一般的には、ニュートン力学を科学の至高のモデルに戴くのは科学的精神の伝統でもあり、それに〈罠〉という否定的な言葉をかぶせることは、反発を招くことも覚悟しておかなければならないだろう。

さて、ニュートン主義に立つことは、対象すべてを「物質&力」という対《つい》概念で把握することを強制される。ただし熱力学の完成以降は、「物質&エネルギー」の対概念が一般化するが、ここから出発すること自体が「ニュートン主義の罠」の源泉でもある。方法論的な利点は、同時に裏返しの欠点でもあるのだ。ここではその副作用を、〈生命力の創出〉、〈分子の剛体球形化〉、〈生体分子の単純化〉の三つに集約して論じておく。

機械論者による生気論の認定のし方は、先のフェルボルンが典型であり、一般には「生気論＝生命力の主張」という理解になる。十九世紀前半であれば、この解釈も妥当であった。実際、哲学者のH・ロッツェ（Hermann Lotze: 1817〜1881）の論文、「生命、生命力 Leben, Lebenskraft」（R.

ワグナー編『生理学事典 *Handwörterbuch der Physiologie*』一八四三年。『バイオエピステモロジー』、p.42～47）も、同じような議論を行なっている。だが十九世紀末ともなると、生命は物理・化学では説明できないとしながらも、大方は、生命力の存在には同意しない〈消極的な生気論者〉であった。にもかかわらず機械論の主流派は、生命は物理・化学では説明できないとする立場を、一律かつ強力に、生命力の主張者だと裁断し続けた。これは、「物質&力」の二概念から出発することを強制される機械論者にとっては、機械論否定の底には生命特有の〈力〉を措定しているはずとしか見えなくなることの反映である。ニュートン主義の自然哲学的強制の下では、この二概念のうち、物質を不変とするのであれば、力の側に何か特別なものを想定することにならざるを得ず、対象を解釈する過程でほぼ必然的に生命力を〈創出〉してしまう。

実はこの基層には、ニュートン主義をさらにもう一段一般化させた、より浸透力の強い哲学的要請がある。それは、球体の衝突、もしくは運動エネルギーの保存則を原イメージに置く、これが因果論であるとする思考の型である。これについては、これ以上は触れないでおく。

ニュートン主義、最大の罠——理想気体の上にある熱力学理論

第二の「ニュートン主義の罠」は、その最大のもので、かつそれは古典力学の弱点そのものである。つまり、熱力学のうちの統計力学の部分、つまり統計熱力学が、理想気体（ideales Gas）を基本モデルにおく理論の体系だからである。これは恐ろしいほど単純な理由である。そしてそれゆえに、自然哲学に関わる問題であることになる。

最深度の科学評論として問題にすべきことは、現行の熱力学がひどく単純なモデルに上に構築された理論体系であり、その限界は自明であるはずでありながら、この制限条件を、当の科学者が正当に扱っては来なかったことである。この態度は物理学理論一般に見られるものであり、科学教育や科学啓蒙の姿勢にも深く浸透している。熱力学に焦点を絞ると、この理論の適正な適用を離れて、世界解釈の次元にまで拡張しすぎる傾向があり、少なくともこの性癖は直さなくてはいけない。「ニュートン主義の罠」の重大な根源が、熱力学が理想気体を理論モデルに置くそのことにあるとなると、問題の根はたいへん深く、議論すべき対象は一気に広がる。

なぜこんな事態になっているのか。これに対する明確な答はない。ただし、古典力学の代表である熱力学理論の基本的性格にまで論評することになった端緒は、百年冥界対話にあったことを思い出しておくのがよいだろう。

冥界対話という概念枠組みは、既存の科学史研究や科学哲学よりさらに徹底して、現在の科学認識と過去の科学認識とを語る際に、後世の優位性や歴史的な後講釈に入り込むことを、注意深く排除することを、意図するものである。これは、現在に生きる側の思いあがりをほぼ完全に切除してはじめて、機能する装置である。この認識論的なドローン装置を駆動させることで、努力して「思想史な高み」に達し、そこからの未経験の視程によって、最深度の科学評論を行なう自由度を手にすることができる。だからこそ、現行の「薄い機械論」哲学が無節操に拡張する、熱力学第二法則＝不破原則について、はじめて本格的な論評が可能になる。結局、十九世紀機械論を考察した結果、そこから抽出される「ニュートン主義の罠」という瑕疵《かし》項目は、現代の自然科学に固有の知的偏向だと、本書は診断を下すことになる。狼狽する者も出るだろうが、熱力学第二法則の妥当性問題が異様に肥大してしまっているいまの光景は、これまで、最深度の科学評論が行なわれて来なかったから、と言うよりない。

さて、これはすでに前著『バイオエピステモロジー』で指摘したこと（p.197〜198）だが、統計熱力学の確立者の一人、J・マクスウェル（James Clerk Maxwell: 1831〜1879）が、その『熱の理論 *Theory of Heat*』（一八八八年）の末尾で述べたことは、熱力学第二法則は理論面で見るかぎり、容易に破られてしまう弱点を内包させている、ということであった。その分りやすい例として挙げたのが、のちのち有名になる〈マクスウェルの悪魔〉である。実際、彼がつけたその段落の見出しは、「熱力学第二法則の限界」であった。熱力学理論を組み立てた当人のマクスウェルにとって、熱力学第二法則は、その無限拡張など到底考えられない、弱い法則であった。その後、熱力学第二法則の解釈問題は、生物学において難問を形成することになるのだが、その歴史的な事情は次章の「自然哲学史上の事件としてのH・ドリーシュ」で再整理してみようと思う。

とりあえずここでは、「ニュートン主義の罠」への誘導の間口は、たいへんに広いことだけを確認しておこう。そして、統計熱力学は実際に、剛体・球形微粒子という理想気体の仮定の上に築かれた理論であることを確認するために、その完成者であるL・ボルツマン（Ludwig Boltzmann:

1844〜1906）著の『気体論講義 *Vorlesungen über Gastheorie*』（一八九五年）の冒頭を訳出しておく。

第一章　気体の振る舞いに関する力学的アナロジー（Mechanische Analogie für das Verhalten der Gase）

クラウジウス（Claisius）は、一方で、熱の二つの主法則の現象に関係する理論が本質的に基盤とする一般的な力学的熱理論（mechanische Wärmelehre）と、他方で、熱を分子の運動であると仮定し、これらの一定の運動に対して厳格な表現を与えようとする特殊な熱理論とを、峻別した。

確かに、一般的な熱理論もまた、なまの自然の事実を超えた仮説を必要とする。そうではあるが、一般理論は、明確に、特殊理論ほどには恣意的な前提には依存しない。クラウジウスは自身の本で、その有名な原理について明快に説明し、二章を充てて繰り返し述べている。彼の学説を、特殊な理論から分離し、それほどには主観的な仮定に依存してはいないことが示されるのが望ましいし、またそうすべきである。

新時代に入って、熱理論のこの二つの方向性の相互関係に変化が生じている。さまざまな物理学的な現象領域におけるエネルギーの保存が示す、非常に興味深いアナロジーと差異を追求したことで、いわゆるエネルギー論（Energetik）が生まれ、熱は分子運動であるという考え方に疑義が出された。この見解は、一般的な熱理論にとっては、実際のところ不要なものであり、よく知られているように、R・マイヤー（Robert Mayer）はこれを認めていない。確かに、エネルギー論のさらなる展開は、科学にとってたいへん重要である。だが、これまでのところ、その概念は不明瞭であり、その学説はじゅうぶん厳密に定義はされていない。それゆえ、まだ結果が知られていない新しい特別な場合については、はっきり適用できる古い熱理論を捨てることはできない。〔中略〕

私は、以下で、事実に基づいたいわゆる熱理論の第二主法則と、気体の分子運動についての確率性原理（Wahrscheinlichkeitsgesetz）との間で力学的アナロジーを用いて、それが単なる表面的な類似以上のものであることを証明できる、と考えている。

原子論的見解をとることがこの目的に合致するのか、という問いについては、キルヒホッフが強調したような、〔原子論的な〕われわれの理論と自然との関係は、たとえば、記号とそれが表わすもの、あるいは文字と発音、音符と音のようなこととは、まったく無関係である。また、こういう見解は妥当なのかと問い立てて、自然とわれわれとの関係を思い起させる意図で、理論というものを単なる記述的なものとみなす立場とも、われわれは無関係である。ここでの問題は、単なる微分方程式や原子論的な見解を採用することが、現象を完全に記述する立場を樹立し得るのか、ということである。

表面上の連続性を説明するのに、異様に多くの不連続な分子が互いに隣りあって存在するという見解を採るとすると、さらにもう一段、力学法則に従うことを求められ、熱は分子の永続的な運動であるとする、さらなる仮定を置くことになる。この考え方に立つと、分子は、その起源をわれわれの側が自由に想定する力によって、その相対的な位置が維持されていることになる。だが、力はすべて目に見える物体に作用するもので、すべての分子に同じように作用するのではないのであり、それぞれの分子の相対的な運動は、運動エネルギーの保存性を維持したまま、永遠に進むことになる。

実際、経験からすれば、物体のすべての部分に完全に同じ力が作用すれば、つまりいわゆる自由落下のような場合であれば、すべての運動エネルギー（lebendige Kraft）は、見える形で出現する。しかし他の場合はすべてで、目に見える運動エネルギーは退場し、それによって熱が出現するのを経験する。このことは、次のような見解をわれわれにもたらす。これによって、われわれには見えない分子の運動が生じた。というのも、個々の分子は見えないのだが、分子群と接触すると神経を介してそれが伝わり、熱感覚が生まれるからである。これらはつねに、分子が活発に運動している物体から、あまり活発に運動していない物体へと伝わり、その場合、ちょうど物質が維持されるように、目に見える運動エネルギーや仕事が発生したり、退場することがないかぎり、運動エネルギーの保存性は維持される。

われわれには、以下のことはわからない。このような力はどのように生まれるのか、硬い物体のなかでの分子の相対的な位置はどこか、それは遠隔作用なのか、それは何らかの媒体

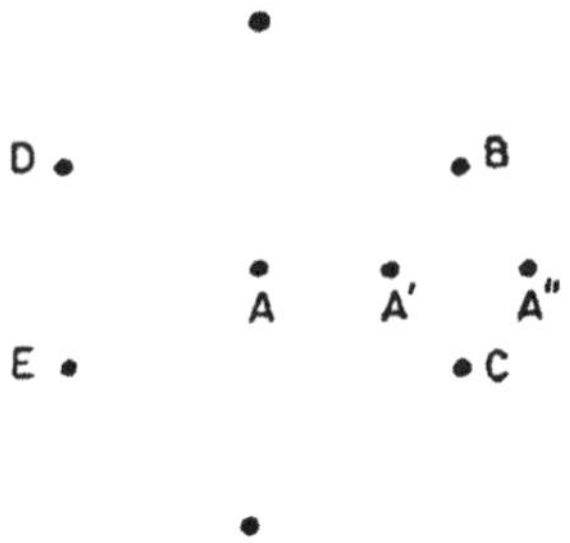

図1

によって伝えられるのか、さらには、熱運動（Wärmebewegung）はどのような影響があるのか。それは近接（圧縮）にも隔離（希釈）にも抵抗を示すので、個体においては個々の分子は静止しているとする図式を粗く描くことにする。隣接する分子に接近すると反発するが、離れると逆に引力が生じる。結局、熱運動とは、ある分子がAという固定した位置で（図1では、分子は黒い点で象徴的に表わされている。）、直線か楕円の軌跡を描いて振り子のように振動するものなのであろう。もしそれがA′に近づけば、離接する分子B、Cからは反発をうけ、他方、DやEには引きつけられ、こうして最初の静止位置に戻ってくる。もし、それぞれの分子が固定された静止位置で振動するのであれば、その物体は固定された形を持ち、固い集合状態にある。熱運動特有の結果は、それによって静止位置にある分子がいくぶんか押し出され、その物体がいくぶんか拡張することである。しかし、熱運動がさらに活発になり、ある点を超えると、隣りあう二つの分子の間をすり抜け、静止位置AからA″（図1）へ達する場合が生じる。それは決して元の位置に戻ることはなく、その場に留まることになる。多くの分子の間でこのようなことが起こると、ミミズのように互いの間を通り抜け、物体は解けてしまう。このような表現は、ひどく乱暴で子供じみたものであるが、後ほど、とくに表面的な衝突力を、運動の直接の結果として、表わすつもりである。ともかく、分子の運動が増加してそれがある限界を超えると、個々の分子が物体の表面から空間に飛び出して、自由に飛び回るようになり、物体は蒸発する。もし、それが密閉した容器の中で起こると、それは自由に動き回る分子で一杯になり、再び物体の中に浸透してくる。平均して、再侵入してくる分子数と蒸発する分子の数が等しいと、容器内の空間は、問題の物体の蒸気と平衡になり、これを飽和と表現する。

分子が自由に運動できる十分に大きな閉鎖空間であれば、気体のイメージを描くことができる。もし、分子に、外部からいっさい力が加わらないのなら、大半の時間、これらは銃から発射された銃弾のように、一定速度で直進する。（p.7）

第二章　気体圧力の計算（Berechnung des Druckes eines Gases）

その気体について、さらに詳しく考察してみよう。分子は一般的な力学法則に従うと仮定すると、分子どうしの衝突や分子と壁との衝突において、運動エネルギーの保存原理と重心運動の原理は満たされるはずである。また、分子のそのものの状態についてさまざまな図式を想定できる。この二つの原理が満たされる限り、実際の気体について、確かな力学的アナロジーとなる、一つの系を得ることができる。この場合の最も単純な図式は、分子は完全な弾性で、球（Kugel）としての変形は限りなく小さく、容器の壁は完全に平滑で、かつ弾性的な表面である、とするものである。ただし必要に応じて別の作用法則を仮定することもできる。これらの法則もまた、一般的な力学原理に沿うものだが、〔分子が〕弾性球体であるとする最初に採用した仮定の、以上でも以下でもない地位のものである。」（以下略）、（p.1～9）

これで、十九世紀末／二十世紀初頭においては、原子／分子は不可視の球形微粒子として扱われていたこと、また、熱力学は理想気体の上に構築された理論の体系であること、を確認し得たこととする。ここで、二十一世紀人に向けて強調しておかなければならないのは、ボルツマンが熱力学理論を組み立てる際、立脚していた、理想気体を基本モデルに置くことへの絶対的信頼である。この実在感は、二十一世紀人には想像し難いものである。原子論に立つボルツマンは、気体を原子／分子が虚空のなかを飛び交う球形微粒子で代置し、これにニュートン力学を適用してそれを積分することで熱現象を説明した。これは自然哲学的な賭けであり、原子論に立つボルツマンとしては当然の論理的な選択であった。だがそれだけではない。原子論を仮説だと拒否し続けていたオストワルドも含め、ボルツマンの立論の形自体については誰も批判をしなかった。この点は非常に重要である。そもそも物理学理論とはこういう性格のものなのである。

少し脱線して、種明かしめいた議論をしておく。ボルツマンが悩まされた統計熱力学が孕む可逆性の難問（理論の上で原子／分子はまったく逆の運動が可能になる）は、理想気体を前提としているゆえのパラドックスでしかないことである。つまり想定している分子群が、理論上は一個でも球形から大きくはずれた非対称形をしていれば、計算上の可逆性は生じない。まして自然は、球形とは似ても似つかない、非対称で多様な分子で満ち満ちているのだ。

さて、「ニュートン主義の罠」の第三に挙げておくべきは、生体分子の複雑さを著しく過小評価する方向に、誘導されることである。十九世紀の機械論者にとって物質とは原子／分子を意味し、見えない分子を運動方程式の対象とするためにできるかぎり、剛体・球形微粒子とみなそうとした。だが二十一世紀初頭のわれわれは、生体分子は恐ろしく複雑であることを知っている。そして生化学の歴史は、生体分子の複雑性をひどく過小評価していたことへの、後悔の連続であった。生体分子に続いて、細胞内の自然の複雑さを過小評価する性向はいまも濃厚に存在する。

分子担保主義と、〈便宜的絶対０度〉の権威の環

生命を物理・化学で説明することを構想した十九世紀機械論にとって、その正攻法は、化学的手法に大動員をかけることであった。この選択は大成功を収め、化学→有機化学→生化学→ワトソン型分子生物学へと続く、華々しい研究発展史を描くことができる。ただし、二十世紀中期以

降になると、生命のあらゆる現象には、それに対応する機能分子が存在し、それを抽出することが最大の目的であるとする研究姿勢が濃厚な状態に移ってくる。二十世紀初頭の生物学者が見ていたものは、顕微鏡の下での細胞であり、機械論はその基盤にあって細胞の振る舞いを説明し解釈をするための学説であった。だが、二十世紀後半以降の生命科学者が見ているのは細胞全体ではない。その念頭にあるのは細胞内の局限された分子系（たとえば、遺伝子発現系や膜反応系）である。そして、細胞内の生理学的反応として研究室の壁に貼られている反応回路図の中であれこれ推論をし、新たに存在が予想される生体分子を抽出して、その機能を確定することを、事実上の最終目的とする研究姿勢へと傾斜してきた。生命現象をそれに対応するはずの未確認の生体分子に投影させ、それを抽出し確保することが真理の把握であると考えるのだ。ここで言う〈分子担保主義〉への移行である。

この、化学／生化学への傾斜という選択肢を、現行の科学哲学が扱えば、分子還元主義になる。だが、こう評価する態度自体、化学／生化学の研究産物をつなげていけば、いずれ生命は解明されるという、十九世紀型機械論の楽観主義の上にあることを意味する。私が、現行の科学哲学は、自然哲学の上で生命科学と同じ側にある、として拒否する理由がここにある。ここに欠けているのは、化学という独立の学問が確立させた真理を認めた上で、これとは独立に、化学／生化学の実験マニュアルが定める、研究素材に向けた幾重もの加工について、生命科学上の方法論という面から、これに系統的懐疑をかけようとする態度である。この当たり前の科学哲学上の検証が、長い間、行なわれないまま放置されてきているのである。

この点については何度も戻ることになるのだが、バイオエピステモロジーの第一段階の課題設定という点で、決定的に重要な人物は、N・ボーアとW・ハイゼンベルクという量子力学の二大巨匠である。バイオエピステモロジーの観点から見ると、ここには〈生物学的相補性〉と〈熱運動の抹消〉という、ともに重大な認識論的課題が密かに横たわっている。

生物学的相補性は、すでに指摘されてきているという点では、まだ論じやすい問題であろう。実際に生体内の物質を抽出するには、並々ならぬ努力と幸運が不可欠であるが、それ以前の問題として、実験材料となる生物は、基本的にすべて殺さざるを得ないという事実に関して、既存の科学哲学はひどく無関心である。

生命への物理・化学的接近は、生きている研究対象を必ずどこかで壊すことになるとして、その困難性を指摘したのがN・ボーア（Niels Bohr: 1885～1962）であった。ボーアは、一九三二年の講演、「光と生命」（*Nature*, p.457-458, 1 April 1933）において、量子力学の観測行為の相補性になぞらえて、生物研究の困難性を指摘した。そして、この考え方に「生物学的相補性 biologische Komplementarität」という、より簡潔な表現を与えたのは、若い量子力学の研究者、P・ヨルダン（Ernst Pascual Jordan: 1902～1980）であった（『バイオエピステモロジー』、p.232～240を参照）。ボーアが初めて指摘したこの困難については、自然科学全体を横断する認識論的亀裂として、最終章で論じようと思う。

実は、ここにはさらに大きな難題が隠されている。それは現行の物理・化学が伝統的に、熱運動を系統的に消去しようとする本性があり、その上に構築された知的体系であることである。ここではそれを、現行の自然科学の〈瑕疵《かし》問題〉と呼んでおく。

十九世紀機械論の構想を受け入れた科学者は、化学／生化学の実験マニュアルに従って、目的とする生体分子を抽出し、分析・同定を行なうことになる。だが、そのマニュアルの中には、あたかも不純物を濾しとるかのように、熱運動を消去する機能が組み込まれてしまっている。これによって、最終産物である化学／生化学の論文の考察対象からは、熱運動は消えてしまう。

急いでつけ加えるが、〈構造的な消去〉と言ったり、〈機能が組み込まれている〉というのは誤解を招きやすい表現である。一瞥すれば明らかだが、そもそも化学／生化学の研究対象に、熱運動は、その成立時から今日に至るまで組み込まれてはいない。化学／生化学は、考察対象から熱運動を消去したのではなく、最初から個々の分子の熱運動は測定不可能であり、考察の対象から外されてきたのだ。

少し問いを変えた方がよいだろう。最深度の科学評論からすると、現行の科学文献のなかに分け入って行くと「なぜ分子は静止しているのか？」という謎に遭遇する。

分子は熱現象の担体である。分子が分子として自然界に存在する以上、分子運動、分子間衝突、回転運動、単純振動、分子固有の振動を、必ず伴っている。にもかかわらず、科学文献や一般の書物に現われる分子は、すべて静止している。このような現状である理由は主に二つ考えられる。

一つは、化学/生化学の伝統的な方法論では、分子の熱運動への配慮はなく、むしろ「熱雑音」として嫌われ、これを相殺することが方法論的に好ましいと考えられてきたことである。さらに、伝統的に化学が扱ってきたエネルギー水準（たとえば、O-H間の共有結合は463kJ/mol）からすれば、熱エネルギーは格段に小さい（室温での熱エネルギーは0.6kcal/mol）。だから、切り捨ててもよいだろうと考えられてきた。

そして第二の理由として、権威としての「文書化」の伝統がある。文書になったものの方を真理だと信じる、倒錯した心理的伝統があることである。この問題はここで扱うにはあまりに大きく、こう指摘するだけに留めておく。

ともかく化学/生化学の実験マニュアルを一読すれば明らかだが、化学/生化学の分析対象は、いく段階かの加工を経た特殊な〝試料〟である。生化学研究とは、研究対象であるモデル生物やその一部から、特定の分子やその化合物を抽出して純化し、分子構造を決定し、管理された条件の下でその分子特性を調べることである。このような実験マニュアルは、化学/生化学の長い研究史の中で確立されてきたものであり、対象はそのような前処理に耐えられる程度には強いエネルギーの化学結合であることが、暗黙のうちに前提とされている。そして、このような課題設定の形は、「物質&エネルギー」というニュートン主義の自然哲学的な思考回路によっても、科学者は無意識のうちに正当化を行なってきているはずである。

すでに『バイオエピステモロジー』で提示しているので、ここで少し触れておくと、この長い

第2-2図

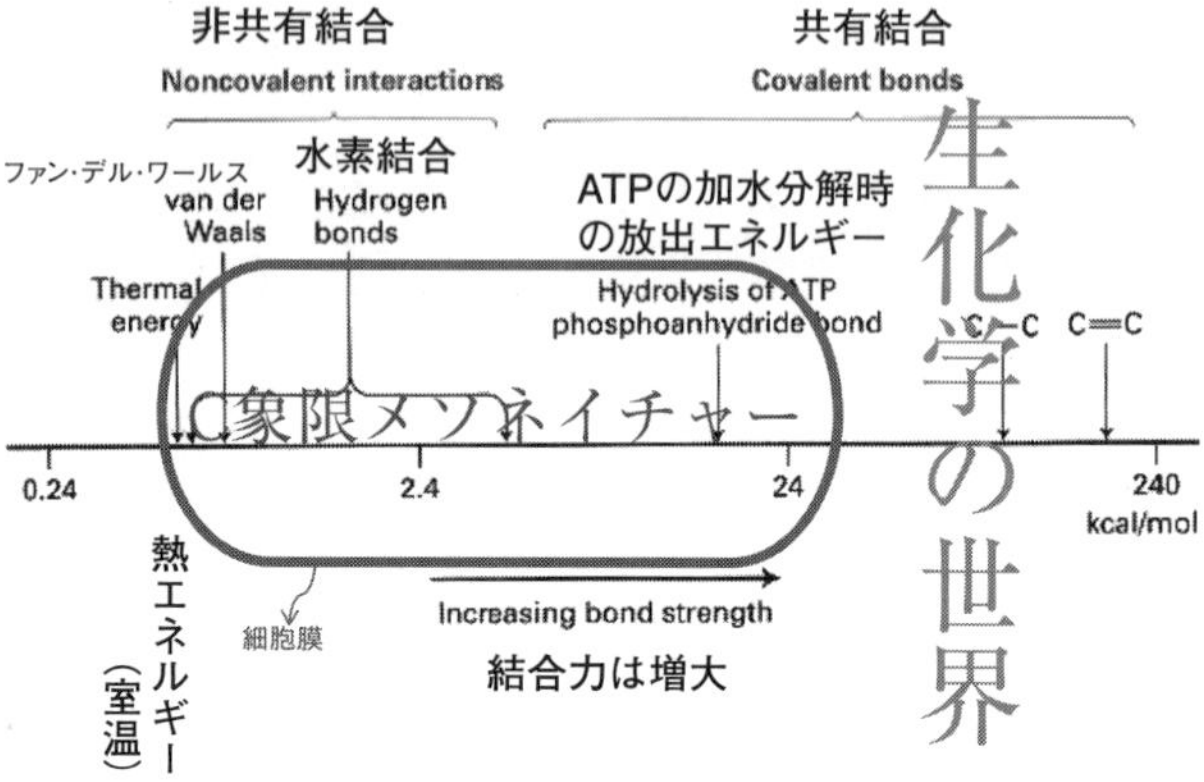

資料）H. Lodish, 他：*Molecular Cell Biology*. Macmillan, 2013, p.28を改作。

長い議論（『時間と生命』→『バイオエピステモロジー』→『ニュートン主義の罠』）は、「C象限メソネイチャー」仮説を前提としている（第四章を参照のこと）。

第2-2図は、『バイオエピステモロジー』で示したものを、「C象限の自然」を「C象限メソネイチャー」に修正したものである。この元となった図は、代表的な分子細胞生物学の教科書にあるもので、タイトルは「共有結合と非共有相互作用のエネルギーの比較」となっている。それに加筆した第2-2図は、次の二つのことを主張している。第一は、生体分子を伝統的な化学の手法で追及している生化学は、知らず知らずのうちに、生体内の反応よりエネルギー水準が少し強い方にズレた形態の、「近似真理 proximal truth」をもって、細胞内の生化学的反応という科学的真理として説明してきているのではないか。第二に、生物は、細胞膜で仕切られた内部で、水素結合や熱運動など弱いエネルギー水準の分子間作用もがその機能を担っている、分子の特殊な組み合わせの条件下で成立する、外部とは異質の自然（C象限メソネイチャー：第四章参照）と解釈すべきではないか、ということである。

もう一歩踏み込んで述べておけば、ワトソンの教科書『遺伝子の分子生物学』（一九六五年）の第二章のタイトル「細胞は化学法則に従う」（p.32）という一文には、細胞の内部と外部は同一の化学法則で律せられているという言明に併せて、既知の物理・化学法則以外の説明を想定するのは隠れた生気論である、という第二の主張が重ねられている。そしてこのワトソンの言明は、第2－2図に書き入れた細胞膜の自然哲学的意味を限りなく無化しようとする主張であり、それは十九世紀機械論以来のものである。だから、現行の生命科学の自然哲学は、十九世紀機械論の直系に当たるという意味で、「薄い機械論」と名づけるのは正当なのである。

論を戻すと、化学／生化学の研究手法はただひたすら、目的とする分子やその化合物を抽出して純化し、その反応を個別に試験管内（in vitro）で確かめる作業である。この過程で、化学／生化学が念頭におくエネルギーよりは、一段微弱な熱運動エネルギーは、弾き飛ばされるか、省略され、考察対象からは消えてしまう。化学／生化学の研究体制には、熱運動の体系的黙殺が貫徹しており、これが科学の文書ですべての分子が静止している理由である。

ただし重要なことは、この事態は、科学者の側が意図したものではなく、科学者に許される観測手段から熱運動がこぼれ落ちてしまうような、自然の構造になっているからである。化学者／

生化学者は、熱運動を省略可能（negligible）なもの、と強がりを言って自己正当化をする（第四章、混雑性の項を参照）。だがそれは、彼らが省略可能と自覚的に決定したからではなく、原理的に測定困難なエネルギーの形態の自然だからである。ここには、量子力学の観測問題とはまったく別種の、重大な観測問題が放置されている。伝統的に機械論者は、測定できない力やエネルギーを想定するのは生気論である、という論理を繰り返してきた。だが、原理的に測定が非常に困難という方法論上の現実主義的な正当化論によって、熱運動という、広大な世界が未探検のまま残されているのである。

少し論を戻すが、生命科学の研究者が、化学／生化学のマニュアルに従ってある成果にたどり着いたとする。そしてそれを実験室のホワイトボードに書きつけるその瞬間に、熱運動は最終的に捨象されてしまい、静止した分子構造の図が描かれることになる。その直前に、認識論上の断層をまたいでいるのだが、研究者はこのことに気がつかない。そもそもそれ以前に、生命科学の研究者は、化学／生化学のマニュアルに従って成果を出そうとしたことで「薄い機械論」に立つことを選択しているのである。「薄い機械論」が物象化（実体化）した現行の生命科学の体制の下にいるかぎり、それに沿った論文を書く以外、研究者に選択の余地はない。

これを科学の外側から見ると、真理は研究者の側にはない構造になってしまっている。二十世紀末までの生物学者／生命科学者は、研究所の図書室が揃える専門雑誌群に自分の論文が載ることを成果としてきた。だが現行の生命科学は、大半の専門誌を電子化させ、バーチャルな専門雑

第2-3図　典型的な細胞における主要な代謝回路図

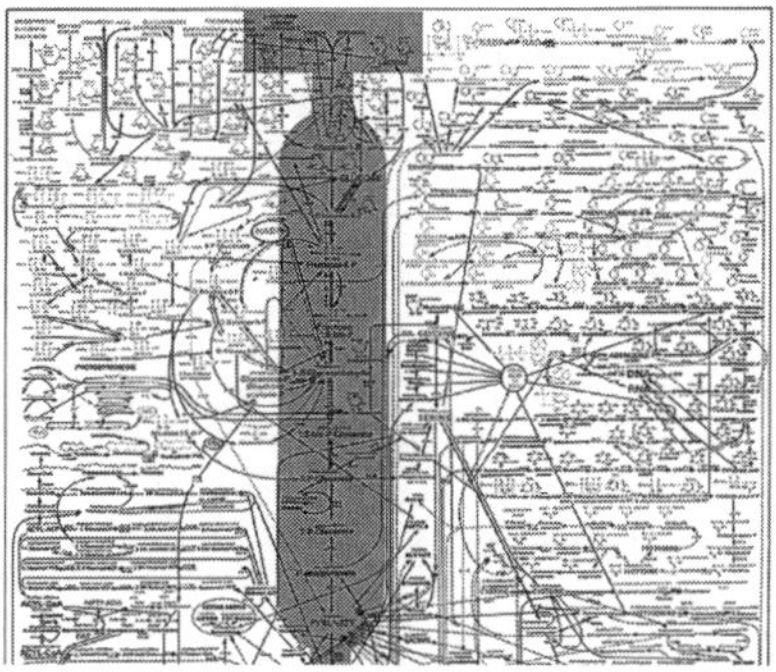

出典）Donald Voet & Judith G.Voet, *Biochemistry*（3rd), 2004, p.550.（部分表記).

誌群のネットワークを随伴する体制に移行した。研究者は、パソコンを介してつながっている、この静かでバーチャルな経典庫に付加されるべき生体分子を抽出し、その構造と機能を決定する作業に没頭しているのだ。生体内の自然は、こうして見つかった生体分子の機能として説明されることになる。銀行が融資する際に担保が必要なように、現行の生命科学においては、細胞内の真理は分子が保証していることになり、この関係を、ここでは分子担保主義と呼ぶのである。研究者は細胞を見ておらず、彼らにとっての真理は実験室の中にあるのではなく、巨大な論文ネットワークという文献権威の環の側に存在する。

細胞内の自然を生化学的な反応の連鎖として理解しようとする考えは、一九五〇年代末にD・ニコルソン(Donald Nicholson: 1916~2012)によって生化学的な代謝回路がまとめられることで初めてそれが形を現わした。六〇~七〇年代を通して、ニコルソンが作成する代謝回路図は着実に複雑になって行き、今日ではIUBMB-Sigma-Nicholson Metabolic Pathwaysとして巨大で複層的な代謝回路図となり、回路図群の中心的な地位を占めている（D. Nicholson: IUBMB Life, Vol.50, p.341, 2000）（第２－３図を参照）。そして個々の細胞は、これらの代謝回路の反応をそれぞれ微妙に調節して特性を出している、という理解になっている。結局、現行の生命科学者は、熱運動を消去した、〈便宜的絶対０度〉の静止した分子表記の文献群から成る〈権威の環〉を、真理（より厳格には近似真理）であるとする体制の下にあり、「科学的真理」はこれに依拠する形になっている。

自然科学の瑕疵問題：熱運動嫌悪症 thermophobia

壮麗な体系である自然科学も、それを構成する個々の研究成果はみな、わずかな自然の弱点を見つけてそこを押し広げて行った果てに、大きな成果につながったものばかりである。すべては研究戦略の〈狭知〉の上に組み立てられたものである。こうして自然科学は、有効と見える手法は最大限に拡張し、手持ちの手法ではかなわない課題には正面から出会わないようにして、代替手段を考える。同時に自然科学は、限られた接近回路しかないことによって生じる認識の粗密を、近隣の説明を拡張して塗りつぶし、説明の弱点の穴埋めをしようとする。

最深度の科学評論は、そのような科学の楽屋内にも入り込んで論評を加える。その結果、言えることは、機械論という現行の戦略シナリオは行き詰まったものとしていったん解体し、転進すべきなのだ。

いずれの流儀の機械論に立つのであれ、それは、生命の探究に物理・化学的手法を大動員することになるのだが、いまやその弱点に由来する限界がさまざまに露呈してきている。方法論としての機械論を体系的に点検するための出発点として、この章の冒頭で、ボルツマンの『気体論講義』における原子/分子の原イメージを確認してみた。

そのボルツマンの言葉を思い出してほしい。ボルツマンらが完成させた統計熱力学は、蒸気機関の熱投入と仕事量の研究から確立された経験法則に関して、シリンダー内の気体分子の振る舞いを、ニュートン力学と統計学を用いて理論化することによって、分子論の側から熱現象を統一的に説明することに成功したものである。ただしそれは、理想気体を理論モデルに置くという狭知を働かせた際どい成果である。虚空を飛び回る任意の気体分子を剛体・球形微粒子と仮定し、それにニュートンの運動法則をあてはめて積分したものであり、この理論が妥当するにはこういう前提が不可欠なのだ。「マクスウエルの悪魔」の項で述べたように、創始者であるマクスウエルやボルツマンには、その理論の限界がよく見えていた。

問題は、後世代の科学者が熱力学理論の意味と有効性の範囲を、読み誤ったことにある。生物学における熱力学第二法則問題は、第三章でまとめて論じるが、ここでは熱力学理論の特性を、最深度の科学評論の視点から、ニュートン力学および量子力学と比較することで押さえておこう。その要約が第2-1表である。

第2-1表　最深度の科学評論からみた三つの力学理論

	ニュートン力学	熱力学(と生命科学)	量子力学
数学との関係	『プリンキピア』は幾何学で表現されており、微積分法はその後、ライプニッツと競争しながら、ニュートン自身が開発。	理想気体という仮定の上に、ニュートン力学モデルと統計学を適用して組み上げられた理論。	ハイゼンベルクの波動方程式は、素粒子の応答の形を数学的に表現したもの。
真理との関係	天体の運行と理論は一体	理論と自然との対応精度は低い。この理論を細胞内の分子に適用する必然性は低い。	コペンハーゲン解釈に拠るのが一般的。
観測行為	直接の観測	個別分子の熱運動は観測不能。	測定は対象に対する介入

三つの力学を比べてみると、ニュートン力学は、カントも魅了されたように、科学理論としての理想をすべて満たしているのが印象的である。それに対して熱力学は、適用が非常に限られることがはっきりしている。

注目すべきは、個々の分子の熱運動の観測不可能性である。解釈の上では分子が熱現象の担体である。しかし、個々の分子運動、分子衝突、分子回転、分子振動は直接観測できない。だからこういう実務的な理由もあって、物理・化学は、正面から熱現象に出会うことを慎重に避けている。そして熱に関して説明が必要な場面では、理想気体の挿話で済ますのが定番である。それでも良いように見えるが、熱運動と生命との関係を議論する場面に、正体不明の黒い球形微粒子が虚空を飛び交う説明図を用いるのは、一種のトリックと言って良い。この種の議論では冒頭から、生体分子の異様な複雑性も、媒体としての水も消去されてしまうのだ。

この型の論法は歴史的に継承されてきたもので実に根深い。それは、困難な課題に関して迂回路を工夫する「科学の狡知」に当たるもので、良性の方向の努力ではない。本質的に接近法が考えられない熱運動現象からの遁走と言うしかない。つまりいまの自然科学は、重度の「熱運動嫌悪症 thermophobia」に罹っている。それは、熱運動の直接的な観測不可能性という自然の構造に対して、人間の側の積み重なった反応が、熱運動の体系的黙殺であり、これに直面することから徹底して回避しようとする症状である。

加えて、現行の生命科学は水嫌悪症（aquaphobia）も併発している。教科書の冒頭では必ず、地球の生命にとって水は不可欠の存在と論じられはする。だが、ただそれだけである。宇宙生物学においても、生命の媒体（biosolvent）の代表格として、他の液体（たとえば液体アンモニア）とともに列挙されるに留まっている。現行の生命科学にとって、水は化学的にたいへんに安定な理想的媒体としてのみ扱われ、その化学的安定性ゆえに逆に軽んじられ、（加水分解の場合を除いて）化学／生化学の説明図からは、伝統的に省略されてきた。さらに事情が変わったのは、一九八〇年代以降、生命の分子次元での視覚化（visualization）が急速に進んだことである。実は、見えないはずの分子を図示することの認識論的意味や矛盾はあまり議論されてきてはいない。この細胞内の自然の分子化（molecularizing）と視覚化という生命科学の変貌の場面でも、水は省略されてしまう。結局、水は、存在すれども視野には入れないという、暗黙の共通了解の自然対象であり、歌舞伎の「黒子」に当たる位置に押しやられている。

恐らく「ニュートン主義の罠」の中でもっとも副作用が大きいのは、熱力学理論が理想気体の理論モデルの上にあることにあるのだろう。重力法則に従って軌道を確実に進む球形の天体とはまったく異なって、球形の仮想分子と運動法則の二つの仮定だけから、統計熱力学を組み立てたボルツマンの手腕に、後世代の物理学者は魅せられ過ぎた。物理学者はとかく美しい理論を偏愛し、理論的美しさは真理を反映するものと思い込む、悪い癖がある。彼らは、熱力学理論が、現実にはない理想気体の上にある理論であることを都合よく忘れ、熱力学第二法則の対象範囲を過剰に広げ過ぎた。そしてそれは意識されていないが、二十世紀初頭に「機械論vs生気論」の問題を、新しい形で提起し直した、H・ドリーシュの著作に対する、自然哲学次元での反応であったのである。それを次に見ていこう。

第三章　自然哲学史上の事件としてのH・ドリーシュ

——熱力学第二法則の二重性と生命現象

自然哲学的事件としての『自然概念と自然判断』

少し復習すると、十九世紀ドイツ生物学が構想した機械論はニュートン主義であり、ここに立つとなると、ニュートン主義の哲学的強制によって、自然を「物質&力」もしくは「物質&エネルギー」の二概念で組み立てることになる。当時、機械論者は物質を不可視の原子／分子と考えていたから、生命を物理・化学的に探究しようとすれば、一つは、化学分析に全面依拠する方向、もう一つは、生命の振る舞いを直接、物理学的手法を用いて探求する方向であった。前者が生理学的な化学、後者が一般生理学である。後者を代表するのがM・フェルボルンであった。

十九世紀末、W・ルー（Wilhelm Roux: 1850~1924）によって、発生現象について、力学を因果論のモデルとみなす立場から、発生研究への実験導入についての哲学的な正当化論が生み出された。つまり、器官が形成される発生現象に対する実験による介入が、発生過程への攪乱でも奇形作成でもなく、一定の仮説の上で実験結果が解釈可能であるかぎり、科学的意味があるという哲学的了解が、発生学者の間で共有されるようになったのである。そして、因果論的な解釈仮説と体系的な実験計画の統合という「発生力学」の研究姿勢が、二十世紀に入ると生物学の全領域に次第に浸透していき、生物学／生命科学の研究活動の実験室への封入という、今日的な研究形態への構造変動が始まる。第一章で言及した、モーガンの実験遺伝学の樹立過程がその典型である。

そしてこの実験発生学の成立時に、目も覚めるような実験結果をもたらしたのが、若き実験発生学者、H・ドリーシュ（Hans Adolf Eduard Driesch: 1867～1941）であった。ドリーシュに関する問題については前著を含め、あちこちで書いているので、ここでは、彼が比較的わかりやすく自らの考え方の発展過程を述べた、「私の体系とその展開 Mein System und sein Werdegang（『自ら語る今日の哲学 *Philosophie der Gerenwart in Selbstdarstellungen*』1923、に収載）の該当箇所を訳出し、「ドリーシュ問題」を、歴史的時間の流れに沿って跡づけてみようと思う。ドリーシュは、その自伝的評論でこう述べている。

一八九一年に、トリエステで行なった最初の簡単な実験から得られたのは、すでに、確実だが驚愕すべき成果であった。2細胞期の割球のおのおのを分離すると、それぞれから〈半分〉の胚は生まれないで、半分の大きさの完全な胚が生まれたのである。一八九一年の秋から（一九〇〇年まで短い中断はあったが）、私はナポリで研究を続け、そこで非常な幸運に恵まれた。四分の一の胚や、四分の三の胚から、完全な小さな幼生を作り出すことに成功した。また、核物質や細胞物質（Zellmaterial）が互いに少し異常な位置にある胚からも、幼生を作り出すことができた。これらすべては、ヒス、ルー、ワイズマンの理論を放棄し、独自の発生理論を確立することになったのである。（p.2〜3）

感じやすい二四歳にドリーシュが発見した、初期胚の細胞をバラバラにすると幼生の一部ができるのではなく、小さいながらも完全な幼生が生まれてくるという事実は、彼の一生を決める原体験となった。ただし彼は、ここから直ちに生気論者になったのではない。彼は一八九三年に、『自律的な基礎科学としての生物学 *Die Biologie ala selbständige Grundwissenschaft*』を著して、生命的自然の独自性を主張するのだが、デュ・ボア・レーモンは、一八九四年六月に科学アカデミーで行なった講演、「新生気論について Über Neo-Vitalismus」（『*Reden von Emil Du Bois-Reymond*』、Bd.2. p.492-515, 1912）の中で、ドリーシュを新しい生気論者の一人に数え上げた。これで彼は、逆により慎重に生命現象の独自性（Autonomie）の意味について考察をめぐらすようになる。

一八九九年に長大な論文、「形態形成過程の定位　生気論的現象の証拠　Die Lokalisation morpholgenetischer Vorgänge, ein Beweis vitalistischen Geschechens」（*Archief für*

Entwickelungsmechanik der Organismen, Bd.8, p.35〜）を書き、ともかく物理・化学では説明できない事実があることを論証しようとし、彼はこの論文でそれを行ない得たと考えた。こうしてドリーシュは新生気論者（この場合は、非機械論者の意味）であることを自認するようになり、一九〇五年には出版社の求めに応じて、『生気論史 *Geschihite des Vitalismus*』を著した。結果的にこの本で、ドリーシュが列挙した人物の記述が、機械論者にもそのまま受け取られ、今日まで、誰が生気論であるかを決定づけることになった。

形態形成の定位の論文の後について、彼は先の自伝的評論でこう述べている。

〔生命の〕自律学説（Autonomielehre）の基盤を単に拡張する以上のことが、必要となった。**この学説が自然科学の一般的な枠内で可能であることを示すことである**（原文はゴチック）。それゆえ、すべての自然科学の最も基礎的な部門であるエネルギー論と力学を、生命の自律学説と関係づけることが課題となった。また、伝統的なデカルトの心身問題を新しい形で扱うことも課題に入ってきた。私はギムナジウムの上級で、また卒業後、チューリヒで、高等数学や理論物理学を学んでいたから、問題となる物理学や化学の原著は少なくともその基礎は理解することができた。こうして『自然概念と自然判断』（一九〇四年）という著作で、生物と無生物との関係についての論点を整理した。この著作の主題は、エネルギー論について詳細な批判検討をすることであったが、本質的には、いわゆる〈第二主法則〉が論理的に全く異質の部分から形成されているのを示すことにあった。このこと以外では、私ははじめて狭義の哲学的問題を扱った。すなわち、因果概念について認識論的に基礎づけてそれを批判検討した。最後に、この本ではもちろん、エンテレヒーが、物質とエネルギーとのような関係にあるか、という重要課題の解答について考察した。だが、それらはすべてが中途半端のままとなった。そこで述べたものは間違ってはいないが、まったく不完全なものである。（同p.5）

『自然概念と自然判断』についてのドリーシュ自身の事後評価はこのようなものである。この本は、本人の言う通り、最新の熱力学理論とドリーシュが考える生命の独自性とを突き合わせた〈習作〉に当たる。だが現在から見ると、この無名の著作こそ、生命と古典物理学との切断面のありかを明確に探り出した、自然哲学的事件であったと評価してよい。この本において、まとまらない形ではあるがドリーシュが論じたのは以下のことである。

　生命と古典物理学との間の不連続面は熱力学第二法則にあること、この熱力学第二法則は、狭義の熱力学的意味でのエントロピー拡大則と、すべてのものは逸散するという現象法則の二重性を帯びていること、この〈逸散法則〉（ドリーシュはこれを第三法則と呼ぶ）に対して、生命現象は明確に矛盾するのであり、ここに秩序を供給する第三の自然因子が存在することは不可避となる。そして、それを指すものとして〈エンテレヒー〉概念を提案する、というのがその概略である。

実際にその文章を見てみよう。この本には段落ごとに数字がふってあるが、それも示しておく。『バイオエピステモロジー』に収載した項目（p.102～112）も併せて読んでほしい。

『自然概念と自然判断』（一九〇四年）より

（198）以上のような論理的考察から、特殊でかつ積極的な帰結が示すことができるのか、試みてみる。

第一の証拠についてのわれわれの思考過程は、最大限つぎのように拡張される。われわれは、素朴にこう問うことができる。〝調和等能系〟という定式化において、その中の特定の要素の運命はどうなるのか？　また、そこから先の、それぞれ任意の実験結果に依存する〈予定運命 prospektive Bedeutung〉はどうなるのか？　そこでわれわれは以下のような認識に達する。たとえばここでは、ウミヒドラの幹のようなものを想定するとよい。それは、形態学的な主軸に沿って調整がなされる調整系（Koodinatensystem）で、主軸の末端（Pol）からの数値が得られる。すると、系内のある要素の運命は、系のそれぞれの状態においてその起点からの距離に依存し、ここではそれを a で表わす。a で表わされたある要素は、また別のものになり、さらに別のものになっていく。ただしまた、要素の運命は、その系の絶対的な大きさにも依存し、それをここでは g で表わす。いま、ある大きさにある系が、調和的な比率のまま、全体の形が小さくなったとすると、個々の要素は別の結果をとることになる。ここでは明らかに、aとgは変数である。そして、ある要素の運命は当然、系がとる一定の大きさに依存することになる。言わば、ある大きさの特殊性によってそれが発生していく特殊性であり、この定数をEで表わす。

S（Schicksal：運命）$=f(a, g, E)$という式は、また、それぞれ任意の点について焦点を合わせた、調和等能系の分化についての分析的表現である。これを他の事態に向ければ、別の分析の公式を得ることができる。ここで触れた内容はすべて、私のこれまでの著作を参照すれば十分である〔米本註：これは調和等能系の定式化であり、『バイオエピステモロジー』p.94、『時間と生命』p.171〜174を参照のこと〕。

（199）ある大きさのEは、その定式化のなかで観察されたものがそれに依拠する定数であり、その系のポテンシャル（die Potenz des System）である。そして、このような機械は、基本的にはあり得ないことが示されている。私は、これ以降、その定数を「内向的多様性intensive Mannigfaltigkeit」と表現する。それは、空間中に**隣り合ってあらかじめ**存在する多様性のようなものではない。そして、その名前には「エンテレヒー Entelechie」という用語を採用する。概念としてはアリストテレスが主張したものと完全に同じわけではないのだが、私の概念の本性を備えたものである。……（中略）

定数としてのエンテレヒー〈生きた物質〉の拒否（Die Entelechie als Konstante. Ablehnung einer〈lebendigen Substanz〉）

（202）分析のための形態形成系のポテンシャルは、内向的多様性であり、エンテレヒーと名づけたが、私はこれを、はっきりとその形態形成系の**定数**と見なし、無機科学における定数と並行的な位置に置く。ここではエンテレヒーは、他の定数が**世界の要素的因子**として存在するのと同様に、広い意味の実在性（Wirklichkeit）として〈存在する〉。私が以下に行なうように、さまざまな順位の定数が区別されなくてはならない。第一種の物理学的定数が最も下位にある。それに続く第二種の物理学的定数（エネルギーの質的変化）は、化学的な面で、高い水準のエンテレヒーを形成する。これについては、この先の章で論じる。個々に特殊性をもつ化学的な「親和定数」は、単一な要素的でかつ記述的な自然因子として把握されるかぎり、エンテレヒーによって高い水準が与えられる結晶と同様である。

エンテレヒーは、無機的なものの多様性に対して高い水準をもたらすだけではない。私の自律学説は、単に、生きたものの特性は無機的なものと矛盾すると言うのではなく、ある水準のすべての多様性状態に違いをもたらし、それによって**隣り合ったもの**に違った秩序づけをすることを指摘する。生きているものは、この階層化の一つの列である。

(203) 人間の行為による直近の反応によるものも、形態形成のエンテレヒーとは本質的に少し別のものであるが、私はそれも「エンテレヒー」と呼ぶ。たとえば、比熱も分子量も第一種の物理学的定数であるが、これとは別のものである。

形態形成エンテレヒーと行為エンテレヒーには共通点がある。それは、統一体としてある位置関係が特殊な型の多様性の組み合わせであるものを、別の位置関係の統一体へともたらすこと、そして、未決定なものに秩序をもたらす、その多様性についてである。ただし、形態形成が並存する場合と、多様性をもつ統一体の細部に作用する人間の行為の場合とでは、両者は異なっている。言葉を正確に用いると、定型秩序(ordnungstipisch)のエンテレヒーと、定型継続(folgetypisch)のエンテレヒーとに、簡潔に表わすことができる。その上で両者の違いを分析すると、定型秩序エンテレヒーの進行の場合は、その生産能力が移動することで、個々の要素の進行の結果も確実に保持される。しかし、定型継続のエンテレヒー現象では、人間行為の成果であるアーティファクト(芸術作品や機械)が残るだけであり、明らかに両者は異なっている。

(204) エンテレヒーの基本性質をさらに分析していくと、「原始知識 Primärwissen」と「原始意思 Primärwollen」とのみ表わし得る概念の構築に到達し、また、同様の観点から、化学定数の場合もより深い分析を行なうことが可能である、という考えに至る。このことは、上記の二つの概念に影響を与えることになるだろう。ここではまた別の特殊性として最初か

ら固い関係を持っているのは、すべての内向的多様性ポテンシャルがもつ、基本特異性である。……（中略）

課　題

（206）私の自律学説は、許される思考方法を素直に事実に適用して得られたものと、私は信じている。ただし、これはまだ暫定的なものでしかない。そのことは、空間について純記述的な目的論に向かわせようと促す。ここでの目的論的なものは、終局が定数の形で解決可能な、要素的エンテレヒーとして存在する。ここでの定数とは、一般的な意味での「系の条件」である。ここで私は、古臭くて明確ではない概念「終局原因 Causa finalis」に代わって、「終局条件 Conditio finalis」を用いることにする。そして、因果性把握という観点から、変化過程での直近の要因を「原因 Ursache」と呼ぶこととする。因果性をより深く把握しようとした時、エンテレヒーは特殊性決定の原因（spezifitätsbestimmenden Ursache）へと変換するが、それはまた、旧い終局原因とは全く異なるものである。因果性価値に関して、物理的定数と化学的定数との間に違いはない。

エンテレヒー概念を理解しようとする時、ある過程が、何か未来の原因に依存していると言うのではない点に注目してほしい。エンテレヒーの転換は、たかだか非因果論的で、記載目的論的な意味において用いられるのであり、それによって、概念の内容の間での真の論理関係が現われる。私の理解における「在る ist」とは、広い意味の実在性において「未来的なもの」というのではない。それは、内向的多用性・定数性・生命決定性の自然因子という特徴において未来的である、という関係の上にある。因果的依存性は、もっぱら「現在性」の上に成立するが、そこには暗黙のうちに、未来への関係性が含まれる。

つまるところ、私の自律学説は、現象の多様性と先-条件性について集中的に述べるものである。

形態形成では、調和等能系の分化が進行する。それは、全体を条件づける伝動装置の因子の形を示し、これによる現象はその場所性に依存する。

（207）われわれは、これ以上、進むことができるのだろうか？　ある一定の場所における現象を特徴づけ、さらにまた、自然全体の中の一般的現象として、これまでうまく分析されてきた現象群、つまり無機的な概念として獲得されているものと、意味ある連結もしくは否定の関係を築くことができる、と考えるべきなのか？

ともかく、その現象そのものは十分に分析され、特徴づけられてきている、と言うことはできる。

いまわれわれは、全作業をその試みに向けようと思う。

無機科学における先験的内容は、本質的に全現象に該当する。ただし、その内容は多くはない。一般的空間においては、二つのエネルギー主法則のみが妥当する。この二つのエネルギー主法則が特殊化したものと、第三の、拡散法則（Zerstreuungssatz）とは経験的なものである。これらはまた、矛盾する〈可能性〉がある。だがおそらく、生物学的なものではそうではなく、事態は全く別のものなのであろう。

（208）われわれが直面すべき課題は、次のような問いとして特徴づけられる。

無機的な諸科学が含む先験的内容には、多様性についてどのような自由があるのか？ 生物学的なるものの場合、エンテレヒーを介してこの自由がどのように決定されるのか？

この問いの解答を求める前に、ここでは、以下のことに注意を促しておきたい。

生物学的なるものの全現象は、個々においては、「物質 Stoff」としての化学的もしくはその集合物の特徴が変化することとして出現する。生物体におけるその変化は、われわれが知っている諸法則に従ってただちに生じる。生命現象を生命のない現象と比較することは、両者を同一視野に置いて、化学的およびその集合物における無機的法則性を研究することになる。………（中略）

エンテレヒーと〈拡散〉（Entelechie und 'Zurstreuung'）

（267）われわれはつぎに、エンテレヒー説とエネルギー第三主法則、すなわち、拡散についての経験法則、原初の最高のポテンシャルには回復しないこと、との関係について、真の第二主法則に広い視点から戻ってくることを念頭に、精査することにする。

「経験から生まれるものは、また経験によって否定される」(ヘルツ)。

普通の〈第二〉主法則の論理的構成要素である、本当の第三主法則は、まったく熱力学的基盤の延長線上にある。論理の面であまり分析されないエントロピー概念に関する言説は、沈黙して目につきにくい状態にあり、この点で学問的な初期の頂点にあることを、われわれは分かっている。この概念に関しては、表明されたものの分析や**推論**に助けられて解放され、単なる計算概念であると考えるようになった。

さまざまに定式化された拡散原則が使用され、議論されている。経験に立脚するものはすべて、熱力学的な理解に立つものも、また他のものも、何らかの集合的な経験の上にある。すなわち、拡散を伴わない無機現象は**存在しない**。おそらく、ただし絶対にではないが、熱がその副産物である。

では、生命的なものと拡散とはどうなっているのか? ある状態のポテンシャル低下が、より高いポテンシャル階位の他の状態と一致する場合があるのか? つまり、いわゆる外からの〈仕事行使〉がない、一般的に言えばシステム外部のポテンシャル低下なしに、最初からシステムが、それより高い強度のポテンシャルと同等であることがあり得るか?

このような場合があるかどうか、われわれは知らないし、そのとき判断する手段をもっていない。ただ、その逆のことは考え得るかもしれない。

生きものの領域において第三主法則が維持され続けるか否か、という問いに対しては、集団的経験の意味は、大した重みをもたない。

(269) だがもし、この法則が維持されないとすると、これによって「生命 das Leben」と、無機的なものに対して非常に優れた形での特徴づけにならないだろうか？　それは言わば、生命の**素過程**を特徴づける試みの、最終到達点でないのか？　マクスウエルとヘルムホルツは、この種の特徴づけを考えなかったのか？

これにはこう答えなければならない。エネルギー第三法則の逸脱を生命の特徴とするのは、どこか本質的ではないところがあるとわれわれは考える。**この特徴づけは、生命の自律性の本質に対して非常に緩い関係の指摘でしかない。**

だがマクスウエルは、この第三法則をこうは考えないで、われわれのいう本当の第二法則で扱う。われわれはすでにこの法則を、マクスウエルの意味ではなく、侵犯され得るものと考えており、マクスウエルの方は、虚構の図式のうえで侵犯され得ると論じているだけ、という考えである。……（中略）

説明および理念的自然科学について――新しい課題

(332) われわれが述べたエンテレヒーの特徴はすべて、どこにあるのか？　われわれはそれに、拡大された実在性という意味を与えざるを得ないのだから、それはそれとして〈在る〉。しかし他方で、われわれは、有機的現象の一定の方向性に付着する**不可解性**

（Unverständlichkeit）を認めることを強いられ、そうせざるを得ない。

すべての不可解性、たとえば人間の行動や形態形成の調節における論理と経験などは、**それ以外**を理解するための自然要素をもち込むことになり、途方に暮れている。その自然要素は、〈説明〉のためだけの特別の自然定数であり、これが付着する不可解性である。

それは、明らかに自己欺瞞（Selbsttäuschung）と言われるもので、せいぜい〈同義語反復 virtus dormitiva〉という阿片である。そうかもしれない！

無機化学で自然定数（Naturkonstant）と言われるもので、なんとか〈説明 erklären〉したとして、他に何か方法があるのか？〈説明されるべき〉定数や要素の形で〈説明され過ぎる〉質というのは、必ずしも再び混乱をもたらすことにはならないのではないか？だとすれば、**すべての**〈定数〉は、**高度な**意味での実在性、言わば**概念**としては**拡大された**〈実在性〉の形で、一般的可能性の変圧器（Umspanner）として、**直接**与えられたものからの抽象内容と考えられないか？　この構図において仮想される科学は、すべての可能な振る舞いとそれとの〈隠された接続〉機能を備えていなければならず、たしかにこれによって、この構図における実在性の関係は、〈救われる〉ことになる。

(333) われわれはまた、以下のことをはっきり意識しているとする。すべての〈説明されるべき〉科学はかなりの程度、自己欺瞞の上に立脚するものであり、そこでの説明は思考的な必然、もしくは認識はされないが論理的な図式の形の秩序であることである。であるとすると、生物領域におけるわれわれの行動は正当なものに見えてくる。

厳格な意味における経験的因果性は、すでに詳述したが、ヒュームが示した通り、直接的には想像できない。われわれは一定の**論理的な**概念操作を行ない、その後に〈説明〉を語る。こうして〈真実 Wahrheit〉、すなわち、私の意識内容のその部分にひとまとまりの矛盾のない秩序（Ordnung）を手に入れ、その後で私は〈自然〉として要約する。このような最終的な考察は、われわれをもう一つの全体の出発点へと導く。（334）だが私は、このような自然の真理性を回復させる過程で、また別の考察に時間を費やした。

単純な自然関係における法則性の把握は、カテゴリーの形の概念を示す。それは、それ以上与えられるものはなく、限られた程度の単純な内的多様性をもつ概念である。他方、延長性を帯びる物質概念は、限られた程度の内的性でしかない。

このカテゴリー型の内的概念は、〈真理性〉の防護のために、たいへん高い複雑性の程度が不可欠であり、そのためにわれわれは、実在性を拡大する完全な科学に接近して行く。

われわれはつねに、必要とする概念を作り出す権利をもっている。われわれは、真の自然概念系を所有してはいない以上、実験から学ぶ経験から、必要な概念を作り出す。

自然概念（Naturebegriffe）は言わばその概念であり、自然からのものと、自然についての概念である。その性質や特徴が、拡大された事実性として**添えられる**なら、それは広い意味で**自然作用因**（Naturagenzien）でもある。とりわけ定数は、われわれから見ると、この意味において自然作用因である。またそれは、〈存在性 esse〉を〈規則 perceptum〉から〈概念 conceptum〉に変える。

しかし、自然概念についての予言は**自然判断**（Naturuteile）であり、自然法則とも言う。それはまた、自然概念のように経験内容をもったカテゴリー図式である。

この種の論理的な生産が生じるように、自然法則は、経験的で歴史的、すなわち特別の空間と特別の時間に結びついた実在性を〝説明〟する。このことは自然法則それ自身が経験的で、一般的な要素を保持するからである。その要素は実在性から引き出されて、**拡大された実在性の意味で自然の決まった場所に配置**される。またこれらの過程は、因果性を〈論理的〉にし、〈合理的〉にする。」（訳終わり）

ドリーシュの自然哲学史上の位置づけ

ドリーシュを評価する作業は、ドリーシュの体系自体が難物であるだけに、その目的と基準を明確にしておかないと、無益な文章をまた一つ加えるだけのことになる。ここでは、ドリーシュの哲学そのものを扱うのではなく、ドリーシュの自然哲学史上の位置と、その哲学的構造を要約することを試みる。結局、ドリーシュは、十九世紀末／二十世紀初頭に必然的に登場することになった、自然哲学史上の特異点と見なすのが最も妥当であると思う。そしてこの観点から、エンテレヒー概念を中心に整理してみる。

ドリーシュの出発点は、ドイツ機械論の可能性を徹底的に見極めようとしたところにある。彼は、発生力学の、ルーに次ぐ事実上の創始者の一人であった。だが同時にドリーシュは、ウニの初期胚の分割実験を行なって、バラバラにされた細胞が再び一個の完全な形の幼生を生み出す事実を深く受け止め、これを説明することは先行する機械論に立つ発生理論（ワイズマン学説がその代表）では不可能だと早くから確信した。そして、この自然現象を完全に説明してみせることが、自らの使命だと考えた。世界を説明し尽すことを最高価値に置く、この時代のドイツの自然科学者として、当然ではあるが、重い決断であった。

初期胚の完全に近い調節現象から、ドリーシュが抽出してきたのが、〈調和等能系〉という概念である（前述）。これは、生物的自然が外部から攪乱を受けても、形態を同じに維持しようとする、初期胚の機能を定式化したものである。他方で、機械論はニュートン主義の自然哲学に立つから「物資＆力」という二概念で自然を構成しこれで解釈をする。その上で、調和等能系という自然現象に、物質の衝突に相当する厳格な因果論的原因を探索するとなると、「物資＆力」から構成される古典力学的な空間の内部に、これを求めることはできない。これがドリーシュの言う機械論による説明の不可能性である。彼の解釈では、調和等能系という自然現象には、形に関する定数に当たるものを保持し、必要なときにその系に提供する〈作用素〉が存在しなければならない。この作用素は、物質粒子が存在する現象空間の外部にあり、空間の中を運動する粒子に対して、エネルギー消費をほとんどすることなしに、その粒子の並びを有意味な形に誘導するものである。この作用素が、ドリーシュの言うエンテレヒーである。これは「物資&力」の二概念によって世界を構成しようとするニュートン主義に立つがゆえの、不幸な副作用であり、彼の後半生は、「物資&力」+エンテレヒー（エンテレヒーとは秩序存在+秩序を供給する作用因）という世界の構造を論証することに投入されていく。

このようなドリーシュの思想的な概容を踏まえた上で、ドリーシュを自然哲学史上の特異点と判定する論拠は以下である。すでに述べたように、ドリーシュは、熱力学第二法則が狭義のエントロピー拡大法則と、〈万物は逸散する〉というより一般的な現象法則の二重の意味をもつことを指摘し、生物と無生物との間にある亀裂はここを走っていることを示唆した。重要なのは、この考察から、粒子の並び方そのものを、独立した概念の体系として立てることの重要性を発見し、それを「秩序 Ordnung」と呼んだことである。それまで発生学では、発生過程を漠然と多様性の増加と表現していただけであった。ドリーシュはそこに秩序を基礎概念として導入し、発生過程を多様度（Mannigfaltigkeitsgrad）の増大という、比較可能のように見える表現に変更した。言うまでもなく、この秩序を自然現象に供給する作用因子がエンテレヒーである。

『自然概念と自然判断』では、こういう哲学的構図の下に、十九世紀物理学の華である熱力学とエンテレヒーとの関係を扱っているのだが、印象的なのは、三七歳のドリーシュが溌剌とエンテレヒーという解決策を提案していることである。エンテレヒーは、物質でも力でもエネルギーでもなく、今日では非科学の代表例として挙げられる、恐らくもっとも悪名高い概念である。だが他方で、当時の科学者の間では、手にする観測装置では計測できない〈エーテル〉で空間が満たされていることは常識であった。また、一八九五年には人には見えないX線が発見された。この本の五年後に出版された彼の主著、『有機体の哲学 *Philosophie des Organischen*』(一九〇九年)では、エンテレヒー論はむしろ控えめになっている。ただし一九二一年の第二版になると、秩序増大のもう一つの型である人間の行為について、多くを書き加えている。

ところで今日の目から見ると、ドリーシュの言う〈秩序〉は、情報や情報性という概念で置き換え得るのではないか、という誘惑にかられる。彼は、「マクスウェルの悪魔は全くの虚構だが、労働者がレンガを積んで秩序が増えるのは現実のことである」とも言っている。しかし、ここで言う秩序＝情報とするのは、見立て違いであることは次章で述べる。

結局、ニュートン主義から派生した因果論要請を最上位に置くと、すべての秩序の原因となる供給源がどこかに存在していなくてはならず、かつそれは、古典力学が統御する自然空間の中には並置され得ない。だとすると、秩序を供給するもう一つの体系が、どこか別に存在しなくてはならない。このような世界の構造を論証してみせることが、彼にとって最大の課題となった。こうして、秩序概念が体系的な意義をもつものとして論じたのが『秩序学：哲学の非形而上学的部分の体系 *Ordnungslehre; Ein System des nichit-metaphysischen Teiles der Philosophie*』(一九一二年)であり、秩序と秩序供給の体系が実在する世界のあり方を論じたのが『実在学：形而上学的

試論 *Wirklichikeitslehre; Ein metaphysissche Versuch*』（一九一七年）である。

この章の初めで引用した「私の体系とその展開」には、ドリーシュ自身による要約があり、以下のように述べている。これは、ここでの解釈を補強するものである。

私が、自分の知的独創と考えるのは以下である。

1．〈昔から既知であった urgewußt〉**秩序**を中心に据えた学説。

2．**多様度**（Grad der Mannigfaltigkeit）という概念を、絶え間なく繰り返し用いること。

3．いまだ展開されていないものが展開されるという学説。（以下略）(p.26～27)

ここで挙げられているのは、すべてエンテレヒー概念に関わるものである。エンテレヒーは、秩序の供給源であると同時に、顕現した秩序をも含むものである。ただし、ドリーシュは多様度という、あたかも秩序が測定可能なものであるかのような表現をとってはいるが、カント的な自然哲学の住人であった彼にとっては、秩序は測定という操作が適用不能のものに振り分けられてしまう。

しかしともかく、多様性の**配列**（arrangement）のみに関係するものに対して、量だとか測度といった概念を適用することなど、ばかげたことであろう。（中略）なぜなら、エネルギーというものは単に、**空間における原因性の測度**（measurement of causality in space）にすぎないからである。しかし、配列とか配列行為（arranging）がどうして計りえようか。

（Driesch,『個体性の問題 *The Problem of Individuality*』, 1914,p.35）

こうして秩序は、これを指摘したドリーシュ本人によって、古典力学では扱い不能の範疇のものに区分された。そして後に、論理実証主義派がエンテレヒーを非科学的なものと認定するようになって以降、秩序に関心を払うのはいかがわしい態度という雰囲気が漂うようになる。

当初、P・フランクはドリーシュを評価した

ドリーシュが、熱力学第二法則と生命との関係の問題で孤軍奮闘しているのを支持し、その重要性を最初に認めたのは、実は意外なことに、P・フランク（Philipp Frank: 1884〜1966）であった。彼は後に、ドリーシュの考え方を激烈な表現で否定する、論理実証主義の代表的な一人となる。だが、若き物理学徒であった時代のフランクは逆であった。彼は自らが属すウイーン大学で一九〇七年十二月に開かれた哲学集会で、「機械論か生気論か？ 厳密な問題定立の試み――とくにハンス・ドリーシュの新生気論について Mechanismus oder Vitalismus? Versuch einer präzisen Formulierung der Fragestellung. Besonders in Hinblick auf den Neovitalismus von Hans Driesch」（Wilhelm Ostwald ed., *Annalen der Naturphilosophie*, Vo.8, 1908, p.393-409）とい

う論文を発表した。ここでフランクは、ドリーシュの『自然概念と自然判断』を、生物学と物理学の境界における新しい試みとして高く評価している。この時代、自然哲学の観点から、機械論と生気論がどのようなものと考えられていたかを確認するためにも、長くはなるが全文を訳出する。

この哲学的な集りの場は、以前から、さまざまな専門領域を代表する者が、その領域の限界問題について議論する場となってきた。こうすることで、個々の専門領域でばらばらに行なわれる研究がどうしても陥りがちな誤解を打破したり、少なくともある程度、これを打破しようと試みてきた。今日、物理学・化学・生物学・哲学の間の限界問題としてまさに取り組まれているのが、動物や植物の生命・成長・生殖などの現象が、無生物世界を律する法則で説明できるか否か、という問題である。一般的な標語としては「機械論か生気論か？」という形に集約される問いである。

この論争はたいへん古く、アリストテレスの主張などから始めてもよいのだが、これらはそもそも、混乱した非科学的なものとして拒否されてきた。この論争の歴史は今日にまでも続いており、最終的には現代の発生学において完全に解決される問題である。今日この問題について語られるものは、不正確で非常に混乱した無批判なものばかりで、ちょっとたとえると、まるで男性は女性より多くの歯をもっているからいまや男性の時代だ、と言うよううなものである。

問題提起と命題の定式化において、無批判でかつ鋭さに欠ける点では、機械論も生気論と似たり寄ったりである。そして、この混乱をまねいている根拠の本質を見出すのは難しいことではない。とりあえず、生気論の問題を、暫定的で完全に通俗的な形で表現するとこうなる。生命現象は物理・化学で説明できるのか、そうではないのか? ただしここで、「物理・化学的に説明する」という表現に明確な意味があるわけではない。それによって理解されるものが正確に定義されないのであれば、問題定立の全体が、正確な意味をもつことはない。実際には、賛成であれ反対であれこの問題に強い関心をもってとり組み、私が言うところの「物理学の教科書」にあるような「物理・化学的に説明する」という伝統的表現に満足しない生物学者によって、この状態が理解され、こんなに不安定な基礎の上に、正しい洞察に満ちた構築物を達成しなくてはならないのだ。ところが、自らの専門分野においては批判的である生物学者が、物理学教科書にあるありきたりで無内容な決まり文句を無批判に信用しきっている状況がある。生物学を一瞥すれば、これは明らかに、物理学理論への信奉があまりに強烈であるため、生物学者すべてが選択の余地なく、そこに理論の全出発点を置いてしまうことで生じている。これに応じるのもまたマッハのような、その専門分野で非常に批判的である物理学者が、生物学の理論にも無批判な眼を向けるのである。

つまり、こういうことである。「物理・化学的に説明する」と言うことが何を意味するか、正確に表現されないかぎり、「機械論か生気論か」という問いは意味をもたないのである。生命問題の理論的考察の出発点に、物理学的な基礎概念をおくのがＨ・ドリーシュの考察（註：*Naturbegriffe und Natururteile*, 1904）である。彼は、その最終目的の地点から、無機的自然科学の全概念体系を点検しようとする。私は、ドリーシュの思考過程を見た後、物理学理論のごく普通の表現と見方をこれに適用して、生命問題を曖昧にしないで明確に定式化しようと思う。それを明確に示した後で、生物学の領域での傑出した研究者によるこの課題についての発言を引用し、論評しようと思う。

ドリーシュの出発点は、周知のとおり、観念論的（idealistisch）な基本理念である。それをプラグマティックに表現すると、〈私の理解するものが世界〉ということになる。それは私の感覚において実在するもの（Wirkliche）ではない。反省的な理解では、それは、直接的な意味でその直前に抱いた印象以上のものではなく、私にとっての直接的な実在は、たったいま私が抱いた意識内容として現われるものである。そうだとすると、ここでただちに、この実在が実在のすべてであるのかが議論になる。ただし、もっとも狭い意味において、このような実在は、それ以外の実在的とされるものと区別することができる。ここでわれわれは、ドリーシュの実在を、第一相の、もしくは直接的な実在と呼ぶことにする。

第一相の実在性の概念は、普通の生活におけるそれではない。実際には私は、たとえばこういう言い方をする。知己ではあるが私の目の前にいない人たちは、それでも、目の前にいる人たちと同様に実在する。われわれは、ここで第二の実在性概念を導入することにする。それは第二相の実在、もしくは事実上の実在である。事実上の実在は、何をおいても、感覚するもの全部である。それはいまもっていなくても、しかし時に応じて、たとえばポケットのなかに鉛筆をもっているような第一相の実在性を抱くことができる。こういう意識を介して、直接的な実在を得ることができる感覚は、実在概念を全空間に拡張できる。また記憶という能力を介して、私は実在を時間のなかで拡張できる。こうして私が体験するものを、私は第二相の実在性と名づける。このような空間と時間においての拡張は、第一相のそれとはどこかしら違い、第二相の実在性として区別される。言わばここで、〈もの Dinge 概念〉がつけ加わる。実際ここでわれわれは、感覚複合ではなく、特性をもつ〈もの〉について語ることになる。普通、われわれは、同時に生じる一定の感覚を〈もの〉として要約する。つまりこう言える、〈もの〉は感覚から得られる特性として構成される。ここにおいて、その特性は実在するのか、もの自体はどうなのかと問うのは、言葉の上だけの無意味な議論である。実際に、第一相の意味であるのは特性のみであり、第二相の意味においてあるのは〈もの〉である。なぜならそれは、第二相の定義に属すからであり、それは〈もの概念〉のために第一相の拡張によって生じたのだからである。

だが当然、〈もの〉の特性は不変ではなく、絶え間ない交換の下にある。ここではそれを、暫定的特性と呼ぶことにする。それは単に、概念的に統合したことによる感覚複合ではない。

われわれは、直接的な感覚から得られる特性以外に、ちょうど検電器で電気を検知するように、どの程度赤いとか、温かいとか、間接的に知覚できる特性を、この相の意味において記述する。つまりこれらの特性もまた、第二相の意味において実在する。それらは、感覚知覚を介して得られる点で、原理的には違いはない。ただし実際には、われわれが、ある物体が温かいというのは、しばしば皮膚感覚を介した刺激や触って確かめたからではなく、温度計が上昇したからである。

全空間、全時間を通して暫定的特性をもつ〈もの〉も、この第二相において実在するが、この相の上に自然科学を育むことができるのだろうか？　第一相の実在の上には、明らかに科学はあり得ない。第二相の上にあるのが真の自然科学であり、ごく普通に具体的に思いめぐらすとそれは、動物分類学、比較解剖学、実験物理学などである。だがこの相の上に、〈もの〉の暫定的な特性における変化が合法則的である合理的科学をうち立てることは可能だろうか？　これに関して、無機的自然における単純な事象について調べてみよう。

たいへん高温の物体、たとえばアルコール・バーナーを用意し、さらに、たがいに同じ大きさで、さまざまな物質から成る球（すべて直径1㎝）を並べ、これらが一定量のアルコールを燃やすごとに、それぞれの球の温度がどれほど上昇するかをともかく観察する。われわれが第二相の実在性に立つとすると、観察結果として明確な表が得られる。そこでわれわれは、なにか規則性を求めようとする。すなわち、球自体とその周囲の残りの特性の変化と、暫定的特徴である「温度」の変化とはどう連動しているのか、と。球はそれまでと同じ温度なのか、色は着いたか、固さは同じか、状態はいつも通りか、などは、生じた温度上昇とは完全に独立で、まったく異なった結果になり得るのである。

理論的な自然科学は、ごく普通のことに見えるが、それに続くすべての理解にとって、本質的な意味をもつ操作を行なうことで前に進んでいく。ここでは、熱供給による温度上昇によってそれぞれの物体がどのように反応するかという特殊性を、それぞれの特性に起因するものと考えることになる。たとえば、一定量のアルコールの投入によって物体が1度C温まったとする。私は、この反応性をこの物体に局限し、その特定の温かさと呼ぶ。それぞれの物体は温かさをもつが、それはさまざまな温かさになる。その後物体はより強く、もしくはより弱く反応するから、私は特定の温かさの程度の違いをそれに起因させる。

この特定の温かさは、実存する物体の特性なのだろうか？　実在性の第一相と第二相の意味では、明らかに否である。それは、直接的にも間接的にも、特定の感覚印象を刺激するものではないし、一定の状況下での当該物質への反応可能性として特徴づけられるものでもない。もし、特定の温かさを実在と名づけ、科学的な実在を第三相の実在性として創出するのなら、私はまた実在性の領域を拡張することになる。このような実在性の創出は、合理的自然科学というものを可能にする。いまや私は、「温度」という暫定的だが現実的で実在的な特性の変化を、ある物体とその環境の別の特性の変化とを結びつけることによって、合法則性をうち立てることができた。ある物体の温度上昇は、投入されたアルコール量に比例し、当該物質の特定の温かさは比例して変化する。ある意味で、この表現は循環している。だが、われわれはこの体験をくぐることで実質的に新しいものを学ぶことができ、このような循環の導入によって自然を合理的に把握可能にする事態を、理解できるようになる。

これら第三相の新しい特性は暫定的なものではなく、物質の暫定的特性は変わり得る（物体の重量単位がその例）が常に付着している点で、第二相の特性とは区別される。それはぜんぜん不思議なことではなく、熱供給に対する物体の反応性は、経験的な意味でその特性に依拠するのではなく、直近における実在性の拡大を当てる方向に、われわれを導く。このような安定なものに対して、物理学では、物体の「定数 Konstant」として決定される特性、という表現をとる。

われわれは、この種の物体の反応性を、外からの非常にさまざまな影響の上に具体的に表現する。われわれは、さまざまな物質を特徴づけるのに、一揃いの定数を生みだすことをするのであり、特定の温かさもまったく同様である。同じようなものに、特定の重量、電気的な伝導率、膨張作用に対する膨張係数、屈折率などがある。これらの定数はすべて、定数の概念定義に一般的に属すもの以外に、なおなにかしら共通点をもっている。それは言わば、均一な現象という点で関連性をもっており、物体そのものの質の変化以外の暫定的な特性の変化、たとえば温度上昇の影響による特定の温かさ、電流の影響による電気伝導率など、暫定的な特性の変化を介して物体が反応することで表わされる。これらの定数は質的ではなく、まったく量的なものである。変化する暫定の質的な特性は、外からの刺激の質によって決まる。ある物質の特定の定数は数値として確定する。たとえば、ある物体の特定の温かさは、一・五度とか二・三度などと表現される。これらの定数は、均質な物理的現象の理論化というかたちで生み出されるのであり、いまこれを、拡張された定数、もしくはドリーシュの言う第一種の物理定数と呼ぶことにする。これらを実在とみなすとすると、われわれは均質な物理的現象の合法則性について語ることができる。

だがよく知られているように、均質な物理的現象が見られるのは無機的自然においてのみである。われわれは、関係する物質において拡張された定数が変化しないものを、物理的事象を名づけ、他の場合には化学的事象と呼ぶ。ただし、すべての物理的現象が第一種の定数を示すのでは決してないし、すべての物理的現象が均質というわけではない。たとえば、ものを擦ると温かくなり電気を帯びる。また、ある種の結晶は圧したり温めると電気をもつようになる。これらは、不均一なものの物理的現象である。もし、すべての第一種の定数は実在だと仮定すると、合法則性について語ることはできなくなる。たとえば、加熱すると電気を帯びる電気石（Turmalin）の結晶を考えてみよう。電気石のすべての第一種の物理的定数を知ろうとすると、こうして求めることになる。それを暖めると、ある程度その温度が上昇する。また、それが電気を帯びると、ある程度のクーロンだけ電荷が上昇する。だが、これらの定数すべては〝どれほどの〟応答なのだろうか？　これらは真に拡張的なものである。ある定数は実在的で他のものはそうでないとすると、電気石は加熱によって帯電するが、これに対して他の物体はそうではない状態となる。これは決して合法則性を示してはいない。加熱によって電荷が増すという電気石の能力としての残りがまた、その特性に起因して違う反応をみせる。それをわれわれはまた、第三相の意味の実在性と名づける。

これらの特性は、第一種の物理的定数のように安定している。それは、〝どれほどの〟という問への答ではなく、〈どの種類の〉という問いへの回答となる。それは一つの数値としてではなく、一つの完全な規則を介して現われる。それは拡張的でなく集中的なものである。ただし概念的には、特定の温かさなどと同様の役割を果たす。それは定数の本性に帰するものではなく、ある数値を介して現われるもののように見える。ドリーシュは、不均質な物理的現象を調整するこのような定数を、第二種の物理的定数と名づける。

しかしまた、これらは無機的自然の全ての現象を把握するのには十分でない。化学的な現象では物理的定数が変化してしまうから、さらに複雑で遠く離れた種類の、別の定数が必要になる。なぜ二つの物質（たとえば、水という物質と酸という物資）が化学的に結合し、他ではそうではないのか、という合法則性は、すべての物理的な定数が実存的であるとすると、その上に置くことはできない。そこで、親和定数（Affinitätskonstant）というものを新たに設定する。たとえば水という物質は、物理的な定数をすべて変化させて、酸という物資と集合する能力をもつ。これらの能力は、第三相の意味で実在する、水の特性に帰せられる。これらの定数は、当然、集中的なもので、それはまた物理的な定数に対して、（ドリーシュの言う）特殊なものに対する特殊な関係を含んでいる。これらの定数はまた、数値によるのではなく、ある規則によってのみ説明し得るのであり、概念的には、特殊な重さのように、まさに第三相の実在性の要素である。

これらの定数は、ドリーシュが説明するように、「ある可能性の典型が実在性として仮定され」、「それは世界の可変領域にある物質が担う特別の役割であると特徴づけられる」。ただし、こうして次から次へと新しい定数が導入されるのを見ると、つぎのような問いに駆り立てられる。この過程はいったいどこまで続くのか？　それぞれの現象の集団に対して定数を導入したとすると、それは何のためなのか？　その答えはこうなる、問題の物質がそのような特徴の現象を示すからである。だが答えは、これではまったく不十分である。いずれにせよ、定数の導入は最少にすべきである。ただしそれは、どれだけ必然的なことなのか？

ある領域の自然現象を実際に合法則的な存在として示すには、不可能性を突き抜けて、定数を創出することが不可欠である。ただ当面は、未決定なままというのもあり得る。ある現象領域でたいへん多くの定数を創出すれば、それが合法則性を提示することにもなり得る。いまやこれらの見解を明確にすべき段階にきており、そこで合法則性概念をより厳格にしてみたい。そこで再度、因果法則の問題に戻っていきたい。

因果法則を自然科学で使える形に表現するとこうなる。自然のシステムにおいて状態Aに状態Bが続き、さらに続いてAの後にまたBが生じる、あるいは、同じ状態の次に同じ状態が続く、あるいは、ある系が自身を委ねる状態の列がはっきりしているもの…、因果法則の起源を簡潔に表わすとこうなる。そしてドリーシュは、こう言葉をつないでいる、因果法則は経験則ではなく、先験的起源のものであり、かつ不可欠な思考である。そして彼は、先験的という言葉をこう説明する。この原理は、何か一切の経験なしに見出し得るというのではなく、経験の一切の助けなしに主張され、また多くの経験をもち出しても論破され得ない、そういうものである。先験的とは、経験に依存しないことを意味するのではなく、〈経験量に依存しない〉ことである、こうドリーシュは言う。ただしここでは、この種の認識論の問題に踏み込んだり、因果法則の起源について考察するのではなく、因果法則の内容に向かって行きたい。

ここで説明が必要なのが、〈状態〉という言葉である。われわれは、状態という言葉で、あるまとまった系を成す自然物の性質の総計というものを理解する。ただしここで〈性質 Eigenschaft〉という言葉は、われわれが科学的な実在の構造について考察をめぐらす時のような、明確な意味をもっているわけではない。いま、実在性の二つの相をそのまま認めたとして、暫定的な性質には二つの種類がある。一つは、赤いとか、在るとか、似ているなどという、直接的に感覚器官を通して認知されるもの、もう一つは、検電器で電気を検知するなど、人間は間接的にのみ知り得るものである。もし、因果法則に関して、直接的な感覚の性質の総体を、状態という言葉で理解しようとするのであれば、その試みは明らかに間違いをまねく。たとえば、普通の鉄棒二本を取りあげ、テーブルの上に置いたとすると、そのままの位置にある。しかし、それと全く同じ外見だが磁気を帯びた鉄棒二本だとすると、両者は互いに反応して動き出す。その直前の感覚から得られた状態に続くのは、推論とは違う状態であり、これでは因果法則は誤りとなる。なるほど、後者は磁気化され、前者はそうではないから、初期状態が違うと言うことはできる。しかし、「それは磁気化された」というのは、単なる決まり文句でしかない。因果法則を満たさないのは、その鉄に磁気をもつというかりの性質を与えたからである。

この場合、直接的ではない感覚から得られた性質は、因果法則を満たすために、われわれが与えたものである。感覚によって得られる性質の数は、われわれの感覚器官の数が有限であるから必然的に限られる。だが当然、因果図式を満たすのに見出されるべき性質の数には限りはない。因果法則が成り立たない場合、問題の物体がどのような状況に置かれているのか、われわれの側は知らない。検電器が揺れることで、われわれはその物体が帯電しているのを知るし、磁気検知器によって磁気がわかる。しかし、後いくつこのような検知器を発明することになるのか、そんな問いに襲われる。要するにそれは、系の性質の数だけ、つまり系の状態とは、実在性の二層を前提としても、あらかじめ与えられている概念によるのではない。むしろそれは、われわれの側がつねに因果法則に関して、〈状態〉概念が完全に定義されているのを求めること自体に由来する。つまり因果法則とは、静かで何もない空間を満たす状態の概念についての形式である。ただし、因果法則をこのように考える必然性があるのか、というのはまた別の問題である。ドリーシュは、これにイエスと答える。これに対しては、私の信じるところはこうである。因果法則を状態概念で定義するとしても、なおそのなかに未定義の状態概念が現われてくる。ただしここでは、これ以上は踏み込まない。そしてここでは、二つの相の上に、感覚的に得られる虚偽で一時的な性質を付け加えることで、因果法則は満たされるものという道を選び、こういう認識に甘んじることにする。

ただし、さらに多くの一時的な性質が発見されたとしても、因果法則を妥当させるために、さまざまな物質から成る球が温まるのを、その物体の特殊な反応とみなすような事態にはなり得ないであろう。一般的にそのようなことは、実在性の第二層としてあり得ないし、物理・化学的な定数の導入という第三相がすでに用意されている。われわれは、特殊な反応の現象を因果論的に把握するために、暫定的および定性的な性質の全体を状態として理解するようにしなければならない。現象領域において多くの定数を創出しなくてはならないのは、いまや自明である。言ってみれば、空白のままある静かで何もない空間に、それなりの性質を埋め込んだ時、因果法則は満たされるのである。〔思考〕経済の原理（das Prinzip der

Ökonomie）は、対象が無条件で必然的に妥当するもの以下であることを要求する。

さてここで、われわれの主題である「機械論か生気論か？」という課題を明確にする視点から、定数の創出ということを考えてみよう。われわれは、ある限られた自然現象の領域では、因果律の特徴と定数に関して十分な設定を行なっていると、考えている。たとえば真の運動現象である、自由落下、投擲《とうてき》、惑星運動などがそれである。ここでは、空間における位置、重力、そしてその定数、別の言い方をすれば、地球の加速度、重力定数、そして質量という特性を用いて考察を進める。そしてこれをもって、真の運動現象を〝説明〟した、と言明する。そこでさらに、新しい領域の現象、たとえば熱現象をとりあげてみよう。いま、弾性のない鉛の球を地面に落とすと、その衝撃で球と基盤が温まったとする。この現象に対して、この状態での力学的な定数を割り出そうとしても、ここでは因果律は満たされていない。つまり、力学的な現象を示すそれぞれの物質において、あるものはより温まるが、あるものはそれほど温まらないことになる。これはいったい、どういうことなのか？（思考の）経済に従えば、可能なかぎり旧来の定数で考えることが求められるが、因果律に沿うと、新しい定数が要求され、それはわれわれがすでに特定の温かさとして認知しているものである。同じ力学的な状況下で物体が温まったとき、われわれは、それを特定の温かさと呼ぶことはめったにないのであるが。

ここで、運動現象に対して、熱現象というもう一つの領域を付け加えてみよう。この場合、その第一種の定数は第二の因果律を満たさない。この事態をわれわれは、こう表現する。第二の領域は第一のものによっては〈説明〉されない、もしくは（ドリーシュに従えば）、それは第一のものに対して〈自律 autonom〉〔註：自治と同じ言葉〕している、と。この例は、運動現象に対しての熱現象の自律性を示している。周知のように、国という生きものの中で、ある地域の被支配者には自治がほとんど認められないとすると、統治者に対して、自治の認められている地域が他よりもずっと忠実になる。物理学者もまたそうである。彼は力学をうまく操って、熱現象の領域からその自律性を奪おうとする。

この進路は仮説を生むことになる。こう言ってもいい、われわれは以下のように仮定する。落下する物体が地面に衝突すると熱を発生するが、熱は消滅した運動から生じたのではなく、その運動は物体内部の目には見えない微小な部分のランダム運動として維持される。つまり、温まるのは本質的にごくありふれた運動現象であり、物体の物質としての急激な運動から、地面の分子の運動に移行するのである。それは、微小部分の量、大きさ、質量によって大きかったり小さかったりする。だから、物体の特定の反応としての真の力学的な特性と定数が生じることは、仮説を設定した上ではあるが、因果原則は満たされている。つまり、仮説の助けをかりて、熱現象からその自律性は奪われる。それをわれわれは、熱現象は力学的に説明され得る、と表現する。

すなわち、仮説を認めないとすると熱現象は自律的であることになり、さもなくば、仮説を設定すれば力学的に説明が可能となる。どちらの道をとるべきなのだろう？ しばしば言われるように、思考経済の原理に従えば、できるだけ定数の設定は最少にすべきである。そして因果原則を満しているのなら、できればすべて力学的に説明すべきであり、スコラ学者のラテン語の言葉を引くとすれば、〝実体は必要以上に多様化してはならない entia non sunt multiplicanda praeter necessitatem〟のだ。

ここでは、Ａｄ・ステール（Ad.Stöhr）が、その書著『非生物の物質の哲学 *Philosophie der unbelebten Materie*』で述べている方法論的な考察が該当するだろう。彼はこう述べている、思考経済の要請は一義的ではなく多義的なものである。定数の最少の求めに応じると、この場合は余計な仮説を導入することになるだろう。他方で、仮説の最少に従うとなると、必然的にそれに加えて多数の定数を導入することになるだろう。このジレンマから逃れることはできない。その解決は、それぞれ好みの問題になる。仮説をもたない科学と多数の定数か、もしくは、新たな定数を導入しないでその位置に仮説を置くか、である。あるいは、こういう新しい定数の導入、たとえば特定の温かさはまた、ある意味で一つの仮説であるとも言い得るのであり、単に言葉使いの問題ではないのか、という批判が出る可能性はある。特定の温かさの導入によって、還元できないものに、さらに未知の還元できないものを加えるかたちになるのだが、隠れた分子運動を導入することは、未知のものを既知のものの虚構の連鎖に換えるのではなく、それはもう仮説と呼ぶべきである。

別の現象領域をここにつけ加えると、このジレンマがはっきり見えてくる。つまり、電気現象や光現象を力学的仮説で扱うことができるか、自律的なのか、ということである。そこで、この事態全体を反転させて、電気的現象の仮説的な結合で力学を扱ってみる。それはちょうど、君主の意向に従う地域に対して長い間自治を主張し戦っているある地域が、統合統治主義の攻撃をのり越えて自治主義者として主張するようなことである。

ある領域から他の領域へ移行することは、このジレンマが示しているように、まったく異なった領域へ移るものであることは明らかである。それは、第一の特徴をもって二つの領域を説明するように仮説が拡張されることで仮説が満たされるのでは、決してないと考えられる。だとすれば、それは自律的ということになる。それはたとえば、物理的な現象から化学的な現象へ移る場合である。ここでの特定の親和性、すなわち化学的な親和性は、物理的な定数に還元不可能である。化学的な現象は、すでに見たように、まったく別種の個々の定数を介して、物理的ではあるが完全な法則が確定している個々の定数を介して、自律的なものとして扱われなければならない。

いまやわれわれは、生物学的な対象を示す言葉を用いることなく、「機械論か生気論か?」という問題を、完全で正確な形に定式化できている。

われわれはここで、非生命的自然の全領域においては適切な性質と定数が導入されることで因果律は満たされているものと考え、生命的自然に移る。そしてそれは、一連の新しい現象をどう受け入れるか、ということに尽きる。一つは、仮説を設定しないで新しい定数を受け入れ、生命においても因果原理が満たされている、とするもの。もう一つは、仮説を設けて、生きた自然における性質が見えない有効な組み合せをなしていると主張する立場である。それは、生命現象を自律的と見るか、あるいは仮説的に扱い得るとするかの二つである。そして、自律的な取り扱いは生気論と呼ばれ、仮説的なそれは機械論と言われる。生気論と機械論を、これらの現象についての単なる多様な取り扱いの様式と見なすか、あるいは、二つの理論と呼び得るものなのか。二つの理論は、論理的には明らかに矛盾する。だからこれを、生気論と機械論との中間層に位置する一つの理論と考えることはできない。だとすると、生きた自然のなかに今はない定数を導入するか、しないか、になる。第三の立場はない。

この双方の理論ともに、論理的観点からも自然哲学的観点からも、まったく同等の権利をもっていることは、これまでの長い考察から、私は確信している。ただし双方の理論が、経験と折り合いのつくものかどうかは、また別の問題である。生きた自然の領域における自律性を否定し、同時に因果原理を満たすような仮説は考えられない、とすれば、自律的な生気論的な扱いは唯一の可能性としても、あり得るようにも見える。自律的な扱いは、どのように不可能で意味がないかについては、考察されてはいない。

多くの自然科学者が用いている、生気論的な理論は無意味であるとする論証のあり方は、最初に述べたように、私には、十分に明確な概念設定の上に立っていないように見える。すでになされた定式化のなかから、そのいくつかの言葉を検討してみるのは、たいへんに興味深い。

『一般生理学雑誌 *Zeitschrift für allgemeine Physiologie*』の第一巻冒頭で、マックス・フェルボルン（Max Verworn）はこう述べている。「生命体での生命現象は、無生物的な自然の現象に基盤をおく原理に従うのか、あるいは、無生物的自然には見られない、生命界の別の原理に支配されているのだろうか？　後者の見解に関する熱心な主張者がたくさん見られるのは、首尾一貫した考え方をする人間には不可解に見えるに違いない」。フェルボルンは、生気論が論理的には無意味だとする意見をもっているようにみえる。しかし、彼はこうも言っている。「物理学と化学は、物質世界における現象の一般原理を探究するという課題をもっている。有機体の物質は、物質世界にみられる現象一般に見られる物理・化学の原理として、他でもない一般的原理の問題として、物資的な生命現象を研究すること以外の何ものでもない」。「これらの現象の原理は、物質世界一般においてわれわれが行なう探求である以上、一般に同じものであるはずである」。

この議論全体は、その意味するところが私にはぜんぜん理解できない、まったく分析がされていない〝原理〟という言葉を、継続的に適用したことに困難の原因がある。それは自然法則であるかのようで、研究のための方法論上の公理であるようにも聞こえる。それはまた、非常に厳格な概念設定の上で基本的研究を行なうことで到達されるものである。これらの議論全体について争う余地はない。しかし、その思考過程を理解しようとすると、続けて彼はこう述べている。「物質世界の法則は、物理学と化学の内容そのものであり、そして生き物の物質はまた物質である。したがって、変化の法則もまた物理学と化学に属している」。これはまったく自明のことであり、また無意味でもある。もし物理学が、物質世界を統御するすべての法則の集約だとすると、生きものの物質の法則はここに含まれ、当然、物質的な生命の現象はすべて物理的世界に属することになる。これは完全なトートロジーである。ここでフェルボルンは物理学の用語を乱用しており、そのために本来の問題が見えにくくなっている。それはこういうことである。非生物的自然において因果法則を満たす定数（すなわち物理的および化学的定数）を、生物学的現象の領域で因果法則を満たすために導入されることが許されるのか、あるいは生物学的な定数を導入すべきなのか？　こう問題を立てれば、完全に理解可能であり、その上で本当に論理的な意味で、三つの回答を考えることができる。

1．物理学や化学の定数は、生命現象を説明するのに十分であり、ここに仮説を付与することはまったく不要。

2．物理学や化学の定数は、生命現象を説明しないのなら十分であり、ここに仮説を付与することはまったく不要。ここでは、好みに応じて、仮説か、あるいは因果法則を満たすために生物学的な定数を導入することができる。

3．生物学的現象において因果法則を満たすための物理・化学的な定数の導入を許す仮説は存在しない。新しい定数を導入する必要がある。

1の回答に対しては、いまのところ、自然科学者なら誰も同意しないだろう。生気論者は3の回答を支持する。生気論と機械論の主張するところを理論的に比較して非常に慎重に考察すれば、2の回答をとるべきであろう。回答2は、科学が進歩することで1にとって替わる可能性がある。私はここでは、3の厳格な生気論的見解が正しいと証明されるかもしれないことについて紹介はしないし、それに、考え得るすべての仮説が予見できるわけではない。

W・オストワルド（W. Ostald）は、『自然哲学についての考察 *Vorlesungen über Naturphilosophie*』の前書きで、生気論についてこう言っている。「それは、生命現象の説明不可能性を主張するものである」。〈説明する〉という概念を厳格に定式化することで、これらの考え方を明確に表わすことができる。生気論の学説はこうである。生命の領域では、物理・化学的定数だけで考察しようとすると、実際には因果法則を満たすことができないのであり、生物の領域では特別の定数を創出することで、因果法則を満たすことができる、と。ただし、この学説は、科学的な立場を離れ、神秘的な力の導入を要求するのではなく、ちょうどオストワルドが物理学と化学の領域で行なったように〔註：エネルギー一元論のこと〕、たんに力学的な仮説の導入を遮断するのである。ただし、彼が同様の姿勢で生気論者が生命現象の自律性を導入するのを非難するように、エネルギー論者はすべて自律論者だとして非難される可能性も残る。彼らは、熱現象や電気現象などに対しその〝説明不可能性〟を主張する。だとすると、第三相のそれと同様に第一相の実在も、〝実在〟すべてが説明不可能であることを、事実と受け入れなければならなくなる。

最後に、ビュッツリ（Otto Bütschli）の著書『機械論と生気論 *Mechanismus und Vitalismus*』（1901）が、生気論の理論的な可能性に反対していることに抗議しておく。もし、ある物体が物理的・化学的の定数に関して、一定の生きものの体のそれと完全に一致したとする。これは生気論的理論に従うと、それは生きものの現象すべてを示しているのではないし、そこでの因果法則は矛盾していないかもしれない。なぜなら、特殊な生物的定数は生きものの体の状態に属しているからである。こんな状態は、ビュッツリには不合理なものと映るらしい。彼はこう言っている。「物質的にも形態的にも体として形成されることは、ちょうど植物のように、適切な外的条件の下では、それぞれの植物はそう生きるよう維持されるのである」。「この立場からすると、実験室で作られた酸素は、空気から得られたものとは、概念的には異なったものと見なすことができる」。それぞれ電気的な定数をもつ二つの物体は、それぞれ化学的現象を示すとして、それぞれ物理的な定数をもった二つの物体それ自身が生命現象を示すのは、私には必然のことのように見える。実際にそうかどうかは、実験によってのみ示され、論理的に考えて決まるものではない。ただし、同じ物体が、物理・化学的である上に生命的であることは実験的には知られていないのであり、そのようなことが維持されるのが、ビュッツリはどうやってわかるのか、私には理解できない。また、人工的に生産された酸素と、空気からの酸素の反応とを見てみると、まったく一致する。ビュッツリの議論は、機械論的な理論が完全に有効だとする前提に立つもので、これを基礎づけるものではない。

　そうではあるが、生命の機械論的な理論は、たいへん高度に発見的で自然哲学的な意義をもっているのであり、生気論的な理論があるからといって、決してこれを拒否するものではない。ただ私は、機械論的な教条主義には反対する。〝機械論か生気論か？〟という問いには、非常に明確に表現された問題が含まれている、という強い印象をひき起こす。それは、手軽に着手して網羅的に吟味できるものではなく、実験面や理論面から誠実な研究が求められるものである。

　科学の流れのなかに、生気論的な見解への譲歩がつぎつぎ起こっているのではないか、という不安が広がっている。私は次のように信じている。どんな種類のものであれ教条主義へ近づくことは、科学の立場を弱体化させるし、科学は予断のない思考と基盤への探求の上にこそ打ち消し難いものとして立っている。生気論的な理論を無視したり、また、反対者の拡張に譲歩するのは得策ではないのであり、そんな立場こそ重大な事態を招きかねない。それが意味するところは、今日、科学は敵に逃げ場を与えるような機会を許してはならないということである。（訳終わり）

論理実証主義派フランクによるドリーシュ拒否

Ｐ・フランクは、ウイーン大学で物理学や科学哲学を学んだ俊英で、一九一二年にＡ・アインシュタイン（Albert Einstein: 1879～1955）の推薦で、彼の後任としてプラハ大学の理論物理学のポストに就いた。後に論理実証主義と言われるようになる、ウイーン学団の発足時以来のメンバーであり、Ｍ・シュリック（Moritz Schlick: 1882～1936）とともに『科学的世界把握論集 Schriften zur wissenschaftlichen Weltauffassung』を編集した。その一冊が、フランクの代表作とされる『物理法則とその限界 *Das Kausalgesetz und seine Grenzen*』（一九三二年）である。一九三八年にアメリカに移住し、一九三九年にハーバード大学の物理学教授に就任した。ＡＡＡＳ（American Academy of Arts and Science）の会員に推され、自然科学と哲学との境界の問題を探求し、一九四九年にはアインシュタインの伝記を出版した。

ドリーシュ論に戻ると、このようなフランクなどの個人的な支持が初期にはあったが、ドイツ生物学の本流は、実験生物学としての枠組みをはずすことなく、ドリーシュの問題提起を重視しなかった。自然科学としては健全とは言えるが、その後は自然哲学の枠組みは簡単には変更されない思想的惰性の性向が露《あらわ》になり、十九世紀型の「機械論 vs 生気論」の延長線上で処理されるようになった。以下は、Ａ・オペル（Albert Oppel: 1863～1915、ハレ大学教授）による評論「生気論と発生力学 Vitalismus und Entwicklungsmechanik」（*Die Naturwissenschaften*, p.59～62, 一九一五年一月二九日号）の冒頭である。

生物の研究は、その形態、発生、原因に関してさまざまな角度から取り組まれてきた。古くは、その研究方向は記載的研究と呼ばれ、生物を直接的に認識するものすべてを包含する広大な領域であった。そこには、動植物の全形態の記載、その系統的秩序と比較考察が含まれ、かつそれらは、生物の外形だけではなく、その内的体制の概容や微細な構造までを対象にしていた。さらにそこには、まったく記載的であり、かつては発生史〈Entwicklungsgeschichte〉と呼ばれ、今日しばしば発生学〈Entwicklungslehre〉と言われる個々の個体の発生と、系統全体の発生（個体発生と系統発生）を扱う学問も含まれる。

これに対して、まったく別の基盤に立ち、生物の発生と維持の原因を研究の目的とする方向がある。見たところ、これも言葉の上では記載的で、研究の対象を知覚可能なものと定め、自然の中の事実にこの限定された思考様式を向けるのであるが、原因の探究を、知覚できない作用や要素にも拡大する。これらの作用は合法則的であり、同一の条件下では例外なく同一の作用が起き、〈安定した〉形態形成作用を産み出す。発生史から抽出されたこの作用様式についての研究は、ルーによってその課題の基礎が構築され、いわゆる〈発生力学Entwicklungsmechanik〉と呼ばれている。

この機械論的見解に従えば、無機物と有機物の間に原理的な矛盾はいっさい無い。それは最初から最後まで、単にそれらの組み合わせが非常に複雑で、その進行の成熟がたいへん多様に分化しているにすぎない。

これに対して、生物と無機物体の間には原理的な矛盾があると仮定するのが、古典的な型のものも新しい形態（新生気論）も含めた、生気論学派（生気論、生命力説）である。生気論的見解に従うと、無機物体に対して、生物は統一した法則の支配の下にある（ドリーシュの意味での自律性）。それらは、そのための特有の力、超物理学的（metaphysisch）（超心理学的、超自然的）な形態作用（原因、力）や、エンテレヒー（それ自身、目的を随伴する作用素）や、アルケウス（支配的な始原原理）と類似の仮定をする。

これに対して機械論者は、ルーの針の実験にあるように、胚物質（増殖と遺伝を担う物質）の存在の中にも、また発生する生体の細胞にも、物理学的な有機体であることを認め、超物理学的な作用因の助けなしに、生物の形態形成において調節能力をもっている、とする。

機械論者は、物理学的なものだけで解釈し、生気論者は超物理学的な因子を考える。前者の仮定であれば、原理的に実験を組むことが可能だが、エンテレヒーやいわゆる生気論的仮説はそうではない。われわれは、現象には十分な原因を見出すが、因果性に関して十分な原因がないことが生じた場合、機械論者は、生物の形態形成作用について〃十全な〃因果性の支配下にあると考えるが、生気論者の生物はそうではない。機械論者の仮定は明確でもっともらしいが、生気論者が好むのは、研究に好都合なものの方である。

また、カントとルーの意味での機械論者には、生物は、知的な分析と適切な実験を介して、〈接近可能な問題の研究〉の確定されない限界にまで及ぶ、無限の魅力に満ちた対象であるが、生気論者にはそれはただ驚いて賞賛するだけのものである。

明らかに、昔でも現在でも有能な研究者で生気論の信奉者は数多くいたが、生気論によって力学的な探求が委縮しているわけではない。しかし、最近は得られた認識が正しく活用されていない、もしくはルーが言い当てているように、〝虚偽の予約〟状態にある。ルーや発生力学の領域で生物の形態形成の研究をしている多くの研究者は、その発生を早期の〝合目的的な〟作用因に還元し、それを目的論的なものとして関係づける。それは、〝機能適応funktionelle Anpassung〟（この概念は、ルーによると、生命機械が普通に努力することで意図してか意図しないかを問わず変化をし、適応することを意味する）を介した発生が論証され、その驚くべき進行をもって真の機械論的な説明がなされることになる。（p.59〜60、以下略）

ドリーシュの提起した問題は、英語圏を含め、一九一五年あたりに哲学的な議論のピークがあり、『有機体の哲学』（ドイツ語）が再版された一九二一年以降は、ユクスキュル（Jakob Johann B. von Uexküll: 1864〜1944）などと小グループを形成する。

これに対して論理実証主義派は、一九三〇年前後からドリーシュ批判を鮮明にする。なかでも、フランクの主著でもある『因果則とその限界』におけるドリーシュの評価は罵倒に近いものとなる。そしてこれが、その後の科学哲学における評価を決定づけた。この本の中のドリーシュについての関連項目は『時間と生命』に訳しておいた（p.276〜284）ので、ここではその要旨を再録しておく。

生気論の積極的な定式化は、スピリティズムに至る

……（ドリーシュは）ウニの幼生を分割する実験の場合は、一定の形態を再構築する努力をするものとして、エンテレヒー概念を導入した。ここでは衝動という心理学的概念の側面はある程度制限され、空間の中で体験する生物学的な事実としての形態の再生を説明するものである。だがドリーシュは、人間行動の現象をエンテレヒーの概念を用いて把握しようとする。しかしここで行動の目的とは、ウニの幼生の最終形態のように有機的な自然において見える形で確認できるような形態の再生ではなく、その作用の効果である。

ドリーシュはまた、人間行動をも心理学的にではなく、外部に現われたものを記載することで示そうとし、再生現象におけるエンテレヒーに似た何かを導入することを試みる。……

（中略）

生気論は強い意味で科学的理論ではない

生命現象の生気論的見解を受け容れるかどうかは、経験状態によるのではなく、スピリティズムの仮説を、自然の考察にとって有用な根拠として信じるのか否かにかかっている。このことは結局、観察し得る生物の現象から単純な説明を抽出できるか、という悪魔の心理学しだいであることを意味する。実験研究の成果に関してこの点では、力学仮説も同じである。すべての根拠を、統合させることができないことは、われわれはわかっている。今日、生命現象の物理・化学的説明はまだ前途ほど遠いものがある。だが、可能性のある仮説だけがつねに新しい認識をもたらすのであり、一般的に言って、力学的なタイプの合法則性のみが、自然に対する効果的な作用を手にする可能性を、われわれに与えてくれるだろう。だからわれわれは、物理的に明確な初期条件だけが作り出せるのである。悪魔の心の状態を初期条件に含む合法則性は、悪魔の心の状態に影響を及ぼし得るとわれわれが信じるとき初めて、積極的な作用を行使できることになる。この点は否定すべきではないのだが、現代のわれわれが解釈する限り、科学的な有用性は非常に小さいが、自然現象に対する生気論的解釈は可能である。それはわれわれに、自然なある種の共感を呼び覚ます。というのも、われわれはアナロジーによって悪魔の心をわれわれの側に描きあげ、それによって相互に共感しあうことになるからである。ただしそれは、原始民族が広く用いる方法の助けを借りて、悪魔を動かすよう強制する魔術的な方法を信じた場合にだけ、積極的な介入が可能になる。

　生気論のなかでもとくに独創的な哲学者であるアンリ・ベルグソンは、生気論的な諸説はこの意味において、まったく科学的なものではない、と明言する。……（以下略、引用終り）

第二次世界大戦後、アメリカの科学哲学は、亡命知識人である論理実証主義派の人脈を受け継ぎ、ウイーン＝シカゴ学派と呼ばれて圧倒的な影響力をもつようになった。そのため、ドリーシュを非科学の代表とみなす態度が、科学哲学においては常識となった。引用文の中でフランクは、ドリーシュが秩序の出現に関して、生命の発生と人間の物作りの行為で同じ様に起こっているとする指摘をねじ曲げ、自然の解釈にスピリティズムを導入する未開人の態度と同列であるという論法にすり変えて、貶めた。この乱暴なフランクの論法は、彼の若い時代のドリーシュ支持と比べると落差があまりに大きく、謎の部分を残している。こうして第二次世界大戦後になると、ドリーシュの諸著作はすべて破棄されるべき破産財の扱いとなった。

学派間で論争があるのは普通のことであり、知的には健全な兆候である。だが、第二次大戦後に科学哲学が採ったドリーシュの拒絶のし方は、常軌を逸するものであった。知的世界は理性的な場と思われているが、当然、間違いも犯す。知的集団が、なんら落ち度のない人間を極悪人であるかのように扱い、抹殺さえする。ドリーシュは孤高の人であったから、ドリーシュ一人を消しさえすれば、科学哲学の見通しは一気に良くなる。

話は飛ぶが、一九六二年にT・クーン（Thomas Samuel Kuhn: 1922～1996）が『科学革命の構造 *The Structure of Scientific Revolutions*』を出版すると、アメリカ科学哲学の本流から激しい批判を浴び、彼の後半生はそれに対する防戦に費やさざるを得なかった。物理科学が築きあげた成果は不動であり、科学哲学はその基盤となる一貫した論理的構造を明らかにするものという、堅い信念の上にある科学哲学本流からすると、クーンのパラダイム論は科学的真理を相対化し、科学研究を集団心理学に貶めるものと映ったようである。この傲慢さは、ドリーシュを問答無用として切って捨てた態度と同根である。

クーンは『本質的緊張 *The Essential Tension*』（一九七七年）の自伝的序文で、彼がそれまで間違いだらけとしか読めなかったアリストテレスの『自然学 *Physica*』が、突然、一貫した意味をもつ体系であることが見えてきた体験を告白している。そしてこう述べている。「このような私の体験を学生に伝えようとするとき、私は次の原則を示すことにしている。重要な思想家の著作を読むときは、まずテキストのなかのばかばかしく見える個所を捜しなさい。そして、なぜ良識ある人がそんなことを書くことがあり得るのか、自問しなさい。そしてもし、答えが見つかり意味が通じるようになると、以前に理解したと思ったもっと中心的な部分の意味が変わってしまっていることに気づくはずです、と。」(p.xii)

そもそも、十九世紀末／二十世紀初頭の生物学の実験科学化に積極的に関わり、目の覚めるような実験結果を出し、物理科学の中心学説を読み込んだ有能な科学者が、生涯、誤った主張をし続けることがあり得ようか。自然哲学の次元で重要な問題を提示したドリーシュについて、なぜ今日まで本格的な科学史研究や思想史研究が行なわれて来なかったのか。彼と論理実証学派の行き違いの原因は、本当はどこにあったのか。これらについて冷静な分析が行なわれて来なかったことは、大きな謎である。

実はここには、前章で述べた、古典物理学がかかえる瑕疵《かし》問題が潜んでいる。これについては後述するが、ここで要約しておくと、ドリーシュは、ニュートン主義的機械論が生命を説明しようとするときの弱点を独特な形で暴き出したのだが、その弱点とは、本書で言う、熱運動嫌悪症という古典物理学そのものの瑕疵《かし》に当たる核心部分であった。当時の自然科学自体がこの瑕疵を認めるような状態にはなかった以上、ドリーシュがどのような進路を取ろうとも、彼自身を含め、知的社会全体が袋小路に入り込むよりなかったのかも知れない。

第四章　Ⓒ象限メソネイチャー：熱運動浮遊の上の生命世界

熱力学第二法則＝不破原則の呪縛

前章では、ドリーシュの著作『自然概念と自然判断』（一九〇四年）が自然哲学史上の事件であったことを述べた。この不思議なタイトルの無名の本こそは、それまでは、生命の見立ての問題であった「機械論 vs 生気論」という生物学者間での議論を、世界の哲学的構造にまで関わる桁違いに深い問題として提起したものであった。ドリーシュによる、不完全ではあるが重大なこの問題提起は、これ以降今日に至るまで、生命の認識のあり方に少なくない影響を与えてきている。

この本の中でドリーシュが行なったことは、①古典物理学の華である熱力学の諸文献を渉猟し、②熱力学第二法則は、熱力学の狭義のエントロピー拡大則に加えて、「万物は拡散する」という現象論的法則の、二重性を帯びていること、③万物の拡散法則は生物学における再生現象と矛盾すること。以上を指摘したうえで、④その解決策として、秩序の供給源となるエンテレヒー概念を提案した、のである。

熱力学第二法則の二重性という定式化は、当時の物理学者の不意を衝くものであったが、同時に、世界に関わる新しい見方を示すことが歓迎された時代でもあった。そしてドリーシュのこの哲学的試みを最初に支持した人間が、先に論じたように、皮肉にもウィーン大学の若き物理学者、P・フランクであったのである。ドリーシュの思想がその後、どのように扱われたかは前章で概観したが、発生学者が不思議な提案をしたらしいという程度の感覚は、二十世紀初頭の知識人の間に浸透した。それを象徴するのが一九二一年に『有機体の哲学』が再版され出版としても成功したことである。しかし一九三〇年を境に、論理実証主義派が学派として活動を本格化させると、ドリーシュをとりまく状況はがらりと変わった。フランク自身が先頭に立って、エンテレヒーは非科学の典型とする大キャンペーンを開始したのである。加えて、まったく次元の違う要因ではあるが、一九三三年に成立したナチス政権が、その全体主義的な政治イデオロギーの中に「生の哲学」をも取り入れた。このような事情で、生命と熱力学第二法則の問題自体が非常にいかがわしいものと見られるようになり、自然科学者が正面からは触れない課題となっていった。

放置されていたこの難題を真正面から、慎重に、かつバランス良く取りあげたのが、意外にも物理学者のE・シュレーディンガー（Erwin Schrödinger: 1887〜1961）であった。量子力学の成立に中心的な役割を果たしたシュレーディンガーではあったが、第二次世界大戦が始まる直前、ナチスの政治的圧力を逃れて中立国アイルランドの首都ダブリンにたどり着き、孤独な亡命生活を送っていた。彼が得たポストは、一般聴衆に向けてわかりやすい科学講演を行なう義務があり、このとき彼が選んだテーマの一つが、物理学者からみた細胞論であった。それをまとめたのが、『生命とは何か　生きた細胞についての物理学的視点 *What is life? The Physical Aspect of the living Cell*』（一九四四年）という小さな本であった（これに対する評価は『バイオエピステモロジー』p.203〜207も参照のこと）。

ボーアとシュレーディンガーという量子力学の二大巨頭のうち、ボーアはこの十年前、「光と生命」という講演で生物学的相補性を指摘し、生命に対しての物理・化学的接近が困難であることを論じた。これに対してシュレーディンガーは、一般に向けた講演の課題として、非科学的な形而上学に転落する恐れがあると敬遠されていた生命論をあえて取りあげた。そこで、生きた細胞の物理学的解明の可能性について具体的考察をめぐらせたのである。量子力学の二大巨頭の姿勢はまったく異なっているように見えるが、ボーアの生物学的相補性とシュレーディンガーの『生命とは何か』は、ともに生命に関わる自然哲学次元の問題、とくに生気論の扱いと解釈に関わるものであったことは注目に値する。

なかでもシュレーディンガーがこの本の中で行なってみせた、遺伝に関する物理学的な洞察は、たいへん魅力的なものであった。思弁的と非難されてもおかしくない水準にまで推論を広げて、遺伝子の分子的大きさを推定し、遺伝の暗号文（hereditary code-script）を示唆し、遺伝物質は非周期的結晶（aperiodic crystal）と推定されると、目の覚めるような論を展開した。シュレーディンガーのこの大胆な考察は、若い研究者の心をわしづかみにし、少なくない物理学の学生が生物学研究へ転進するのを促した。たとえば、M・リドレー（Matt Rinley）の『フランシス・クリック *Francis Crick*』（二〇〇六年）には、ウイルキンス（Maurice Hugh Frederick Wilkins: 1916～2004）がこの本に傾倒し、クリックに勧めた事情が書かれている（p.24～25）。

だがシュレーディンガーのねらいは、遺伝子の物理学的な考察にあるのではなかった。物理学と生命現象の間に不安定なまま放置されていた、熱力学第二法則問題を真正面から議論することに彼の真意があった。この点については、現代生物学の研究者L・カイ（Lily E. Kay）が、『誰が生命の本を書いたのか？ *Who wrote the book of life?*』（二〇〇〇年）で非常に正確で画期的な評価を行なっている。その箇所を訳出してみる。

シュレーディンガーの遺伝子に対する興味は二義的なものであり、それは彼の発生過程への謎解きを反映したものだった。それはまた、彼がもっぱら没頭している秩序の問題の一部として、安定でかつ変化するという難問を例示するものであった。彼はこう問う。熱力学の法則は秩序の発生と維持をどう説明するのか？　遺伝子の議論は、組織発生の問題を考える鍵としてエントロピー問題に関心を向けたことの、思いがけない副産物であった。この観点と統計力学の専門家として、シュレーディンガーは、生命としての品質保証を、**負のエント**

ロピー（negative entropy）という、（議論はあるが）非常に有名な概念として定式化したのである。エントロピー＝k log（I/D）ここで、I／Dは無秩序の程度、kはボルツマン定数である。シュレーディンガーは、以下のような循環論を述べている。有機体は環境から秩序を抽出することで維持されており、生きものは、熱力学的平衡（死）へ転落するのを負のエントロピーを食べることで遅らせている、と。染色体は、この特性を縮小したものにすぎない。彼はこう述べている。「それ自身において秩序の流れを濃縮し、これによって原子的カオスへ転落するのを免れている有機体の驚くべき能力——適した環境から秩序の列を飲み込むこと——は、非周期的結晶の存在と連結しており、その染色体の分子は明らかに、既知の原子の良く整った配列のうちの最高度のものであろう。」(p.64)

現代の生命科学史は、分子次元の発見・解明の歴史として議論をすることが多いため、シュレーディンガーのこの本は、その正史の範疇には入ってはこない。だが『生命とは何か』は、分子次元での成果を、自然哲学的な文脈に置いて解釈論上の物語性を与え、かつ、大半の研究者が忌避してきた熱力学第二法則と生物の特異性の問題に、正確な比喩的表現を与えたのである。それは、物理学の立場から、生きた細胞についての自然哲学的な意味を誠実に紡いでみせることである。だからこそ、物理学の若手研究者を生物研究に転向させるだけの強烈な魅力を発揮したのである。念を押しておくが、「負のエントロピー」という表現がシュレーディンガーの独創であった点は、きわめて重要である。
「生物は負のエントロピーを食べている It feeds on 'negative entropy'」という刺激的な段落の冒頭は、こうなっている。「生物が、活性のない平衡状態に向かって急落していくのを免れているのは、たいへん不思議なことのように見える。そういう訳で、人間がものを考えるようになった早い時代から、生命においては何か特別の非物理的な、あるいは超自然的な力（たとえば生命力、エンテレヒー）が作用している、と主張されてきた。そして、ある一派は今でも主張している。」(p.70)

この一文は、『生命とは何か』の主題が、ドリーシュが指摘した、熱力学第二法則と生命の特異性の問題、そして、秩序供給とその維持に関わるものであることを明示している。

熱力学第二法則と生命の特異性の問題が、どのような複層的構造になっているのか、ここで一度、整理をしておこう。まず指摘すべきは、切れ味のよくない形ではあるが、ドリーシュが初めて熱力学第二法則の二重性格性を指摘したことである。ドリーシュは熱力学第二法則から、狭義の熱力学的なエントロピー拡大則と、ここに重なるものとして「万物は拡散する」という現象法則があることを区分してみせ、その重要性を説得することを試みた。そこで世界を構成する基本概念として、それまでの「物質＆エネルギー」に対して「秩序 Ordnung」を加え、古典力学は、自然を一方向的に無秩序に向かわせるものであると解釈し直した。ドリーシュはここを基盤にして、生命の特徴は秩序維持とその供給にあり、生命に秩序を供給する作用因としてエンテレヒー概念を提案したのである。ドリーシュに従えば、エンテレヒーは物質でもエネルギーでもない、しかしあくまで自然に属す作用因である。これに従うと、自然現象は、すべてを無秩序へと引き込んでいく古典力学と、秩序を現象空間の外部から供給するエンテレヒーの作用との葛藤として立ち現われる、という構図で解釈されるものになる。

このラジカルな哲学的提案を、「物質&エネルギー」二概念に縛られる機械論の側から見ると、生命現象には既存の力学的ではない因子が働いている、という見解にすり代わり収斂してしまう。これこそがドリーシュ以降の、二十世紀型「機械論vs生気論」論争の認識論的な基本構図である。その結果、正統派機械論は慢性的に、生命の全領域において熱力学第二法則=不破原則の証明渇望にかき立てられることになった。ここに重ねて、一九三三年に宇宙物理学者J・ジェーンズ卿が、『科学の新しい基盤 *The New Background of Science*』のなかで、熱力学第二法則の至高性を力説し、宇宙の「熱的死」を宣言したこともあり、機械論者にとって、熱力学第二法則の証明願望は、いよいよ切実なものとなったのである。

今日も「薄い機械論」自然哲学の下にある生命科学者は、「熱力学第二法則=不破原則」の呪縛がかかったままにある。それを確認するため、一九八〇年代にまで戻ってみよう。ワトソンは一九六五年に、「薄い機械論」を象徴する教科書、『遺伝子の分子生物学』を書きあげ、その出版に成功すると、続いて、細胞に関しての分子生物学の教科書を編集し出版する機が熟していると考えた。その企画に従って、ワトソンが、B・アルベルツ（Bruce Alberts: 1938〜）らと作りあげたのが、新しい分子細胞学の教科書、『細胞の分子生物学 *Molecular Biology of the Cell*』（一九八三年）である。この本については、生体分子の視覚化の問題でもう一度取りあげるが、その第二章「小さい分子、エネルギー、生合成」にある、「生物学的秩序は細胞からの熱エネルギーの放出で得られている Biological order is made possible by the release of heat energy from cells」（p.62～63）という項目は、ずばり、熱力学第二法則=不破原則を扱っている。ところこれが、この教科書のなかでは例外的に文章が混乱している箇所なのである。

その段落を訳出してみる。

要約　生きものは、自律的に自己増殖をする化学システムである。その化学システムは、限られた特徴的な、炭素を基盤とする小さな分子から構成され、基本的に全生物で同一である。分類上、主なものは、糖・脂肪酸・アミノ酸・核酸である。糖は細胞にとっての主要なエネルギー源であり、また合体してエネルギー貯蔵のための多糖を形成する。脂肪酸もまた重要なエネルギー貯蔵であるが、最も重要な機能は細胞膜の形成である。核酸は細胞内のシグナル系に含まれ、エネルギー伝達で中心な役割を果たすが、その最も特徴的な役割は、情報を担う巨大分子であるＲＮＡとＤＮＡのサブユニットであることである。

生物学的秩序とエネルギー

細胞は物理学と化学の法則に従っているはずである。力学法則と、エネルギー形態を他に移す時の保存則は、蒸気機関の場合と同様、細胞にも適用される。しかし一見すると、細胞は謎めいて見え、特別なものではないか、と思わせるのも事実である。ものを放置しておけば自然と分解してしまうのがわれわれ共通の経験である。建物は崩れ、死体は腐る…。この一般的傾向は**熱力学第二法則**と言われるもので、閉鎖系では無秩序が拡大する一方向にのみ進む、と表わされる。

謎とは、生きものがあらゆる水準で高度に秩序化されていることである。秩序化されているのは、蝶々の羽根やタコの目のような大きな組織でも、ミトコンドリアや繊毛のような細胞内の組織でも、また、これらの組織を構成する分子の形態や配列でも、明々白々である。たんぱく質分子や核酸分子を作っているそれぞれの大量の原子は、周囲の環境から、最終的に非常に無秩序な状態で捕獲され、正確な構造に固定される。生きものが成長するときは毎回、巨大分子は小さな分子から作られ、カオスから秩序が作られる。分裂しない細胞ですら、組織化された構造は、すべて突発事故や副作用をこうむる以上、生き残るためには一定の秩序化と修復の過程が必要である。熱力学的に、こんなことがどうして可能なのだろう？　その答えは、細胞は定常的に環境に熱を放出しており、それゆえに熱力学的意味では閉じたシステムではないという事実にある。次にそれを見ていこう。

生物学的秩序は細胞からの熱エネルギー放出で可能になる

熱力学的な議論のためには、細胞とその直近の周囲は閉じた箱であり、それはそれ以外の宇宙を表現する統一的な海の中に存在する、と見なすことにする。細胞自身が成長し自己を維持するためには、箱の内側に常に秩序を作り出さなくてはならない。だがいま見たように、熱力学第二法則によって、システム全体の秩序の総量（この場合は箱＋海）は常に減少しなくてはならない。そのために、箱の内側での秩序の増加は、それを除いた宇宙の無秩序はこれより増えなくてはならない。しかし、箱と海との間で分子は交換できなくて、かつ、熱と無秩序との間には量的な関係がある。熱は分子のランダムな振動という形のエネルギーであり、それゆえに最も無秩序な形のエネルギーの表現である。細胞が熱を海に放出するのなら、それによって乱雑さ・無秩序が増加するから、海の分子運動の強度は増加する。

熱と秩序との量的関係は、十九世紀後半に初めて認識されるようになったが、細胞内で増えた秩序化（たとえば、アミノ酸からのたんぱく質の合成）の埋め合わせのために、どれだけ熱（kcal）を放出しなくてはならないか、つまり宇宙の全無秩序が実質過程で増える量は、原理的に正確に計算が可能になった。この関係は、一定量の熱エネルギーが熱い物体から冷たいものに移転することで起こる、分子運動の変化を考察することから導き出せる。ここで

第４－１図　アルベルツの図

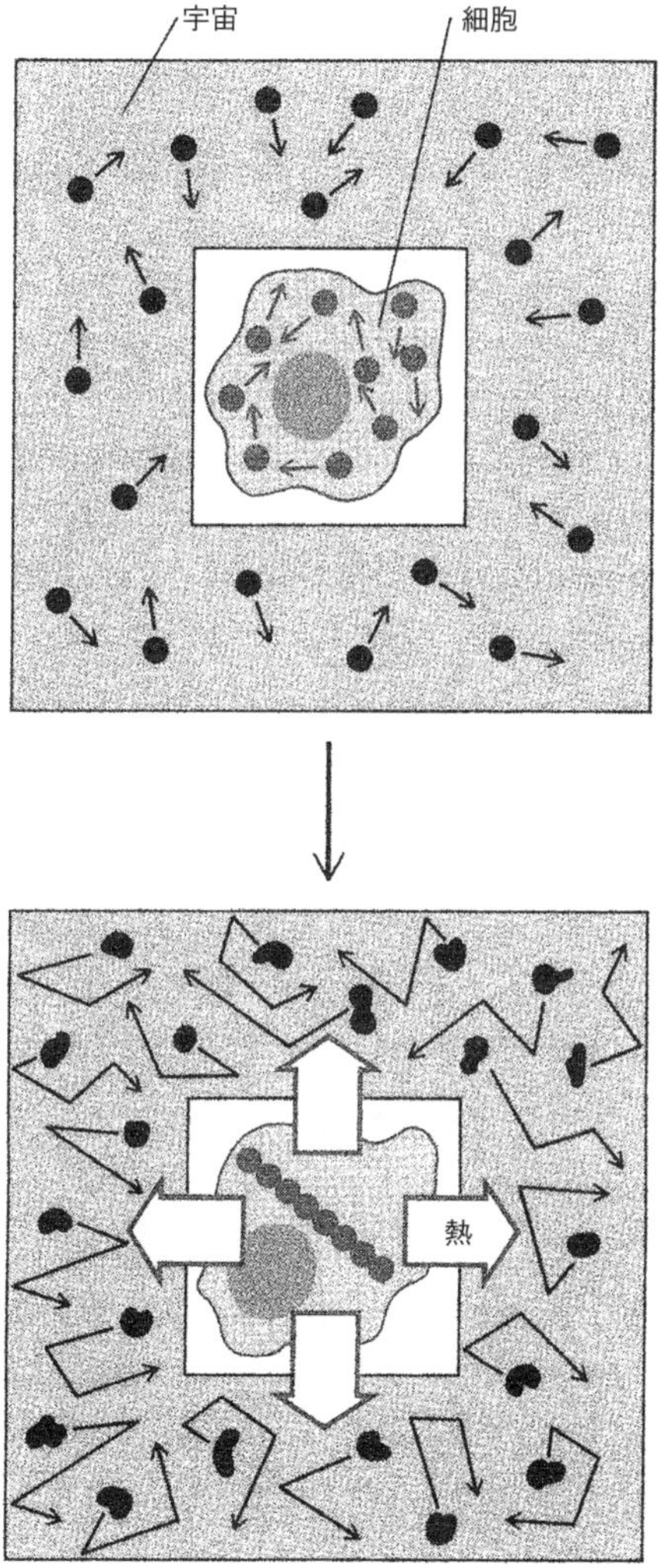

（P.63）

は、厳密な量について関心を払う必要はないが、熱を生じる化学反応は本質的にそれ自身が分子レベルで秩序産出を伴うものであることに、注意することが大切である。このような随伴反応は、次で説明するように、「共役の coupled」と言われる。

図は、このような共役反応が熱エネルギーをどう放出するのか、非常に図式的に表わしたものである。このようにして、この反応が細胞内で作り出した秩序増加の代償として、環境に無秩序をもたらすのである。熱放出はこの反応を可能にするゆえに、秩序化過程を進めるものと見ることができる。

エネルギーは、化学反応を作ることも壊すこともできない。だから、生物的秩序の生産に向かう細胞からの定常的な熱放出は、細胞への定常的なエネルギー投入を必要とする。このエネルギーは、熱以外の形態である必要がある。たとえば植物では、そのエネルギーの最初は太陽の電磁放射に由来する。ただし動物では、それが食べた有機物の共役結合の形で貯蔵されていたものに由来する。しかし、これらの有機的な栄養はそれ自身、緑色植物などが光合成した有機物で生産されたものだから、太陽は、動植物双方の生きものにとって究極のエネルギー源として寄与しているのである。」(p.62~63)

一九八〇年代に書かれた生命科学の教科書なのだが、これだけ多くの紙面を割いて読み手に何を伝えたいのか、意図不明である。この分かりにくさについては、「薄い機械論」は常に生気論への転落不安に囚われており、熱力学第二法則＝不破原則が妥当する範囲を生命の全領域と一致させようとする、当人にとっては出所不明だが、この問題に答えるべきとする強迫観念にかられているからである。

もう一度、引用文の「生物学的秩序とエネルギー」の項に戻ってみると、その書き出しはこうなっている。「細胞は物理学と化学の法則に従っているはずである。力学法則と、エネルギー形態を他に移す時の保存則は、蒸気機関の場合と同様、細胞にも適用される」。

二十世紀後半になってこれほど直截に、十八世紀の熱機関の理論が、まったく異質のものである細胞内の自然に対する説明に動員できると言明している例を、他に見た記憶はない。それは恐らく、『細胞の分子生物学』は「薄い機械論」哲学を教導する教科書であるからなのであろう。

だからこそ、ここに横たわる問題を鮮度よく切り出すために、百年前のボルツマンの『気体論講義』の冒頭の一節を、第二章に訳出しておいたのである。再度力説するが、蒸気機関のシリンダー内の空気分子を一律に剛体・球形微粒子と見なし、それに運動方程式を適用することには何ら問題はない。むしろ、ボルツマンが行なったことは適切な自然の見立てであり、鮮やかな理論化である。

ところが、われわれが目にする光景はどうだろう。ワトソンやアルベルツという超一級の生命科学者が、生命が極度に複雑な生体分子で構成されている事実を熟知しているにもかかわらず、そこを離れて、熱力学第二法則＝不破原則の証明渇望にとらわれているのだ。この奇妙な証明渇望の衝動は、最新版の『細胞の分子生物学 第五版』（二〇〇八年）にも受け継がれているのだが（同書、p.66~68、p.118~119）、生命科学の教科書としてはまるで無意味である。たかだか理想気体の上に組み立てられた理論でしかない（その点ではトリッキーな）熱力学理論を、複雑で多様な生体分子が混雑（この点については後述）状態にある細胞内の自然に対して、何の留保もなしに適用する姿勢は、科学の定石から外れたものである。この部分は、自然哲学のイデオロギー性が露呈している部分と見るよりない。

こうなっている原因をたぐってみると、やはりドリーシュの『自然概念と自然判断』（一九〇四年）に戻っていく。ここでドリーシュが行なったのは、繰り返しになるが、熱力学第二法則は狭義の第二法則と、「万物は拡散する」という現象法則の二重性を帯びるのであり、後者は生命現象と矛盾するのだから、無秩序増大（第二法則の後半部分）を制御する自然要因（エンテレヒー）を仮定するのが妥当であるというものであった。しかしこの提案を機械論の側から見ると、物理学を越えた形而上学（Meta-physics）であり神秘主義であるという理解のし方になってしまう。そのため、ドリーシュの思想が完全除去された今になっても、生命科学の全領域において、熱力学第二法則=不破原則を言い続けることが科学的態度であるとする信仰が保持され続けているのである。「物質&エネルギー」の二概念の強制はニュートン主義に起源があり、機械論vs生気論という対立自体がこの概念強制の内側での循環論である。だから、生命科学が熱力学第二法則=不破原則証明の強迫観念の下にある現状も、「ニュートン主義の罠」の一つに挙げるのである。

この強迫観念は十九世紀～二十世紀型の「機械論vs生気論」論争の残滓であり、それ自体が擬問題である。早急に脱神話化を図るべきなのだ。

情報科学と分子生物学の出会い：自然哲学的飛躍

カイの研究書『誰が生命の本を書いたのか？』は、シュレーディンガーの『生命とは何か』（一九四四年）にある、「負エントロピー」の意味について正確に論じた後、その直後にアメリカで花開いた情報科学に焦点を合せて、これと分子生物学との共鳴関係を論じている。彼はそこで、もう一つ重要な指摘を行なっている。情報量を負エントロピーと定義したシャノン＝ウィーバーの情報理論を、実際に分子生物学が提出するデータと重ねてみても、有用な成果は何も得られなかった事実である。

G・ガモフ（George Gamow: 1904～1968）と細菌学者、M・イーチャス（Martynas Yčas: 1917～2014、リトアニア出身）は濃密な協力関係を組み、すでにしばしば〝遺伝的暗号 the genetic code〟と呼ばれ始めていた、たんぱく質合成に関する課題を暗号学的に解読しようとした。情報は核酸からたんぱく質へ流れるものと仮定し、二つのたんぱく質におけるアミノ酸の可能な分布を暗号学的に読むことを試みたが、アミノ酸配列は、言語を前提とした暗号学の拘束は受けないことが分かった。こういう事情で、想定されたたんぱく質暗号の解読は、通常の暗号よりはるかに難しいものであった。イーチャスは、さまざまなたんぱく質テキスト（たんぱく質配列の一部）を精査し、アミノ酸の出現頻度を分析し、シャノン＝ウィナー比を用いてこれらの結果を、ＲＮＡとたんぱく質における情報の貯蔵と伝達の問題に当てはめてみたが、全体を展望しても、有効な結果は得られなかった。これは本人も認めている。（p.125～126）

情報理論を分子生物学のデータに適用する試みが無効であった理由は、シャノンの理論が厳密な意味で工学的な通信理論であったのに対して、生物的自然はそのような工学的性格のものではないという、実に単純な理由からである。シャノン流の工学的な情報概念を生物的自然の一部である分子配列に当てはめるのは、そもそも見立て違いである。にもかかわらず、一九五〇年代中期を境に生物／生命科学の光景は一変する。

今日、分子生物学と理解されている専門領域も、当然最初は、生化学的思考の枠内にあった。初期の生化学研究は、分子の構造と反応エネルギーが主たる研究の対象であり、分子間に個別的で特殊な機能を認めるのは、免疫反応の研究が例外的にあっただけである。だがこの時期を境に、情報という言葉がごく普通に使用されるようになり、現在の分子生物学の様相へ変貌する。懐胎期にあった分子生物学は、たんぱく質合成の仕組みという、それまで化学／生化学がまったく扱ったことのない難問に遭遇した。この時、分子生物学は、軍事研究の一部として開発されてきた暗号研究と情報科学に出会い、まったく新しい形の比喩的表現と推論の方法を獲得する。この質的転換を主導し、懐胎期の分子生物学に決定的な影響を与えたのは、G・ガモフであった。カイがとくに力説するのがこの点である。

ガモフは、暗号問題の解決というものを定義し、明確にし、それを試みただけではない。これを、さまざまな軍事研究との関連をもつ大戦後の物理学の強烈な文化の中に引き込み、遺伝と生命の研究に、これに耐え得る表現を与えたのである。ガモフが分子生物学に加わったのは一時的であったが、彼は永続的な遺産を残した。彼の研究手法は、遺伝暗号という神秘的な研究課題を組み立てるのに必要な、強力な図式と推論のためのソフトウェアを提供した。ガモフは、ノバート・ウィナー、クロード・シャノン、ジョン・フォン・ノイマン、ヘンリー・クォステラーの公開された著作の中に、情報の言説と遺伝の表現を置き、ちょうど敵の暗号や暗号表のように暗号を介して作動するものとして、遺伝を情報伝達の過程として視覚に訴える形にした。こうしてガモフが恐ろしく難しい暗号を必死に解読しようとしている姿は、彼の同僚にとっても魅力的な挑戦と映るようになった。

まもなく、有名な物理学者、生物物理学者、物理化学者、数学者、通信工学者、コンピュータ解析者が、〝暗号の解読〟を目的に参入してきた。彼らの研究は、ガモフのそれと似ており、核兵器の設計、作戦研究、暗号研究の研究所の近くに集まっていた。暗号研究に関わった五年間にガモフとその共同研究者は、分子生物学の中に通信科学の比喩を導入した。具体的には、情報理論、文法学、コンピュータによる暗号解析がそれであり、それは同時に物理学と軍事研究に連動することであった。こうしてガモフは、一九四〇年代後半にN・ウィナーとジョン・フォン・ノイマンが立ち上げ、一九五〇年代初めにH・クォステラーが厳密にした仮想空間を拡大し増幅させた。遺伝は情報伝達として概念化された。有機体と遺伝子は、メッセージ・言語・文章・指令・テキストという言葉で表現されるようになった。ガモフによる記号学的な面からの寄与が引き金になって、他の文法学的な比喩、たとえばコンマ・辞書的性格・意味・無意味・誤読という表現を、クリックやデルブリュックや他の研究者が用いるようになった。そして、ゲノムを暗号の本というイメージに決定づけるのを促したのである。（p.128〜129）

カイが論証したこの事実はたいへんに重要である。一九五〇年代中期に、生物学／生命科学が自然哲学的な飛躍をしたことを、明確に指摘したからである。十九世紀末以来の機械論では、分子はランダムに虚空を飛び交う無味無臭の球形微粒子であり、偶然に隣り合わせた分子同士が何か意味をもったり、隣接する分子以外の分子との関連を前提とする「情報」という概念を分子そのものに適用する発想はあり得なかった。熱力学の基盤にあるランダム性とは、むしろそのような見方を積極的に排除する「無意味性 Sinnlosigkeit」なのである。機械論とは、未知の自然に対しては常に無機性を出発点とする。そして、これ以外の自然解釈はどんなものであれ神経症的に生気論の嫌疑をかけてきた。

ところが分子生物学の揺籃期には、この熱力学的な無意味性から離脱することを迫られる事態になった。それは、機械論者にとって基本的な自然観の修正であることが直感されるものであった。この時、遺伝については分子次元で解明の糸口をつかんだと考えても、「物質&エネルギー」二概念に縛られて前へ踏み出せなかった機械論者に向かって、思わぬ方角を指し示し、自身が邁進してみせたのがガモフであった。ガモフは、暗号研究と情報科学の用語を流用することの有効性を、生化学的世界に住む人間に見せつけ、自然哲学的転向を強要した。「機械論 vs 生気論」の対立なぞ目もくれず、情報科学の概念の導入を憑かれたように行なうガモフの姿は、新興の分子生物学に向う研究者に対して、それが自然哲学的跳躍を強いるゆえの障害を、低める効果を与えただろう。この自然哲学的転向は、第一章で触れた、ブレンナーが布教運動（evangelical movement）と表現した改宗運動に該当する。

こうして新興の分子生物学は、分子次元での生命現象を扱うのだが、代謝反応などが中心の生化学とは異なり、分子自体が情報の担体となる自然を対象とする学問である、という地位を確定させた。ここでは、隣り合わせた異種分子は、化学反応やエネルギー論的な分析対象からは一歩離れて、情報機能を担う存在となり、新しいパラダイムとしての性格を鮮明にしたのである。付記しておけば、この分子生物学の自然哲学的飛躍を力説しながら、早くもそこに、生化学へ再び回収されていくに違いない、分子生物学の知的堕落の兆候に敏感であったのも、またブレンナーであったのである。

カイは、この重要な指摘の後も歴史的記述を続ける。メッセンジャーRNAの発見と、遺伝コード表の解読過程を扱い、さらにヒトゲノム解読の意義までを、分子配列という「言葉」へ問題関心が移っていく分子生物学の発展史として論じている。だがわれわれは、ここで本題に戻るために、カイの次の言葉を引用して彼の研究の紹介を終えることにする。

ただし、これらの遺伝暗号の解読史に寄与したと見なしてよい研究者たちは、自分たちの研究が〈暗号問題〉だとは思っていなかった。シュレーディンガー、スターン、ヒンシェルウッド、ドーンスらは、情報・プログラム・指令・アルファベット・言葉・テキスト……という言葉を使わなかった。これらはまだ、彼らの辞書の項目にはなかったのである。

ところが一九五〇年代中期に、その光景は一変する。新しい記号——情報という記号——が遺伝研究に侵入してきた。通信・コンピュータ・誘導・制御の科学の新しい表現が出現し、スパイ技術、通信理論の表現と比喩が有効性と可能性を獲得した。ウィナーのサイバネティクス、シャノンの通信の数学理論、ジョン・フォン・ノイマンのオートマタ研究、クロステラーによるこれらの概念の生物学への適用は、遺伝暗号に関する新しい記号学を誕生させた。編纂技術としての暗号は、情報の貯蔵と伝達についての媒体と作用因とみなすことで、その対象は、暗号学の形態をとった、細胞と生命のサイクルを通して生命の隠された書物を再生（replay）するものとなった。(p.72)

問題は、分子生物学の成立が、分子次元での自然哲学上の改宗であったにもかかわらず、この認識論的課題が十分に議論されないまま、現在に至っていることである。ここでの鍵は、情報という比喩を用いた瞬間、任意の分子の間に意味的連関があることを前提とする非熱力学的な本性の学問へと、抵抗感もなくするりと移行してしまったことである。

この十年前に、シュレーディンガーは胡散臭いと思われていた生命と熱力学第二法則の問題をあえて取りあげ、「生命は負のエントロピーを食べている」と述べて、無機的分子世界と生物的分子世界との関係に、正確な比喩的表現を与えた。名著『生命とは何か』は、自然哲学史上の交点に位置する重要文献なのだ。その一方で、分子生物学の自然哲学的性格が不徹底なまま放置されている現状は、生命科学の現在の姿を、最深度の科学評論の視点から精査する必要があることを示唆している。

C象限メソネイチャー：未探検の横穴世界

少し話が逸れるが、『ILLUME』（二五号、p.25-40, 2001。東京電力が出していたハイレベルの科学啓蒙誌）に、日本人初のノーベル医学生理学賞を、しかも単独で受賞した利根川進（1939～）の長いインタビューがある。有力な科学者に対するインタビューとしても出色のものだが、その最末尾で利根川はこう述べている。

「利根川：科学というのは、これは人間を含めて、人間が置かれている世界を知るための方法なんですね。仮説を立てて、実験をやって、正しいかどうかを検証していく。自然や人間を知るにあたって、科学にまさる方法は思いつきません。これ以外にあるとすれば、それは考察ですよ。たとえば哲学がやることです。だけど僕はね、それではずいぶん危ない、間違う可能性が大いにあると思います。」(p.40)

われわれはいま、利根川の言う、「生命に関する危ない哲学的考察」を行なおうとしているのだ。実は彼の若い時代、生物学者の会話の中で「危ない」という形容詞は、「生気論の臭いがする」という拒絶の意味を帯びていた。利根川は、免疫機構を分子レベルで解明し、ノーベル医学生理学賞を受賞した偉大な研究者であるが、哲学次元での問題の絞り込み方もまた的確である。「薄い機械論」が物象化した現行の生命科学の中心からこれを内側から透かして見ると、それを支える自然哲学を再考することの重要性もよく分かるらしい。

細胞内の自然について別角度から解釈する可能性について、語るべきときに来たようである。その前に断っておくが、この作業は細胞内の自然に対する見立て、もしくは自然哲学の問題であり、生命の起源の問題を直接扱うものではないことである。ここで大切なのは、その論理的な側面を明確にしておくことである。

第4-1表　ベントによる物理学理論の分類

	非常に小さい	中程度	非常に大きい
物体の数	ニュートン力学	（χ）	統計力学、化学
物体の大きさ	量子力学、化学	ニュートン力学	古典天文学
物体の速度	統計学	ニュートン力学	相対論

『バイオエピステモロジー』でも取りあげたのだが、まずその議論の手掛かりとして、H・ベント（Henry A. Bent）が書いた象徴的な教科書、『第二法則：古典統計熱力学への序論 *The Second Law; An Introduction to Classical and Statistical Thermodynamics*』（一九六五年）を開いてみよう。この著作は、熱力学第二法則の一点に焦点を合わせて、その理論的意味を説明しながら具体的な計算式を解いていくという、非常にユニークな教科書なのだが、その「第Ⅲ部　統計熱力学への序論」の序でこう述べている。

物理科学（physical science）は、物体（particles）と呼ばれる非生物の対象（inanimate objects）を研究する。それは想定する物体の数、物体の大きさ、物体の速度に従って、以下のように区分される。

ニュートン力学は、中程度の速度で運動する中程度の大きさの少数の物体の研究である。量子力学は非常に小さな物体、統計力学は非常に多くの物体、天文学は非常に大きな物体、相対論は非常に速い物体、の研究である。（p.136）

われわれにとってたいへん興味深いことに、ベントの表では、中程度の大きさの物体の、中程度の数の集まりを扱う物理学理論の欄が、空白になっている。そこで、ここにギリシャ文字「χ」を入れておく。ところでこの「中程度」というのは、人間の側から見ての判断である。

そこで、この「中程度」という言葉が指す範囲を検討してみる。偉大な進化生物学者、E・マイヤー（Ernst Mayr: 1904〜2005）は、『何が生物学を独自のものにするか *What Makes Biology Unique?*』（二〇〇四年）の中で、人間にとって有意味な自然を「中間宇宙 mesocosmos」と名づけている。しかしマイヤーがこの本で意図しているのは、下は原子以上、上は銀河までを含む、人間を中心にした宇宙であり（p.35）、われわれの議論にとっては粗すぎる。他方、物理化学者のM・ホウ（Mark Haw）は「分子以上、細胞以下」の次元の自然に着目し、これを「ミドルワールド」と呼んでいる。ずばりこれをタイトルに掲げた彼の著作『ミドルワールド *Middle World*』（二〇〇七年）は、ブラウン運動の科学的な意味を、研究史の流れの中で語った傑作である。とくに、ルイ・ジョルジュ・グイー（Louis Georges Gouy: 1854〜1926）とアインシュタイン（Albert Einstein: 1879〜1955）によるブラウン運動の研究について、見通しの良い解説をしている。ここでは詳細には触れないが、われわれの議論にとって非常に重要である（江沢洋：統計力学へのアインシュタインの寄与、P・C・アイヘルブルク他編『アインシュタイン』岩波書店、二〇〇五年も参照のこと）。アインシュタインは、理想気体の上に築かれた統計熱力学を、液体にまで拡張する一般理論を求めようとし、部分的に成功した。これに対してわれわれが目指すのは、理想気体という理念的モデルの上に組み立てられたものでしかない熱力学第二法則を、水に生体分子が濃密に溶け込んだ状態にある細胞内の分子的自然に向けて、強迫神経症的に適用しないではいられない、いまの自然哲学的状況を批判的に考察することにある。

『ミドルワールド』は、現行の自然科学の瑕疵《かし》問題を取りあげる立場をとってはいない。それに対してわれわれは、現行の自然科学が「科学の狡知」を駆使して成功を収めてきた体系であると同時に、たとえば科学的な表現（representation）から熱運動を系統的に消去しようとする悪い癖があり、かなり重度の熱嫌悪症に罹っていることも視野に入れる立場である。ホウの「分子以上、細胞以下」という、ブラウン運動が無視できない水準の自然に考察の対象を絞る姿勢は、至当であり評価すべきものである。彼はこの次元の自然に対して、私が「未探検の横穴」（『時間と生命』p.345以下、「ニウラド世界」を参照）として、狙いを定めたことと同じ問題意識をもっている。そこで、マイヤーとホウの両者に敬意を払って「分子以上、細胞以下」の自然を、ここでは「メソネイチャー mesonature」と呼ぶことにする。

さて、ベントの「中程度」の議論に戻って、χの欄がメソネイチャーに相当するものと考え、ここに細胞内の自然を代入する。ただし、これから述べる「C象限メソネイチャー」が対象とするのは「分子以上、細胞以下」であり、人間を基準にすれば、その多くは見えないほど小さく、分子数は非常に大きい自然である。むしろ、この欄に入るのが科学的理論ではなく、これまでとは異なった細胞に対する見立てであり、「失われた細胞観」であることに注意してほしい。

第４-２表　「Ⓒ象限メソネイチャー」は、分子次元で抗・熱力学第二法則性を実現させた特殊解として38億年前の地球に出現した。

	非常に小さい	中程度	非常に大きい
物体の数	ニュートン力学	Ⓒ象限メソネイチャー ほか	統計力学、化学
物体の大きさ	量子力学、化学	ニュートン力学	古典天文学
物体の速度	統計学	ニュートン力学	相対論

資料）Henry A. Bent, *The Second Law*, Oxford, UP, 1965, p.136を改作。

メソネイチャーとして特徴づけられる自然は、素粒子ほど極端に小さくはなく、自然の中の分子と、その分子群の集りが、ある特殊な条件を満たして成立している系である。熱現象の担体は分子である。分子が分子として自然界に存在するかぎり、分子運動、分子間衝突、回転運動、単純振動、分子固有の振動などの形で、熱運動を不可避的に伴う。にもかかわらず、現行の科学の文献や一般文書のなかで、分子はすべて静止している。熱運動が消失するのは、熱力学第三法則によって絶対温度が０度の場合だから、印刷された分子を『バイオエピステテモロジー』で「便宜的絶対０度」と表現したのである。

ではなぜ、自然科学の表記がこのような形になっているのか。その理由に再度触れておくが、その最大の理由は、伝統的に化学／生化学が探究してきた化学結合のエネルギー（たとえば、O-H間の共有結合は463kJ/mol）に比べれば、熱エネルギーは室温で約 0.6kcal/molと極端に小さく、研究対象にはなってはこなかったからである。歴史的に確立されてきた化学／生化学の分析マニュアルは、目的とする試料を純化し、幾段かの調整を経て、できるかぎり結晶化させてその特性を調べる手順の体系となっている。この試料調整の過程で、熱運動的な要素はきれいに消去されてしまう。

そのうえ、そもそも自然な分子の運動を直接観測することは実際には不可能である。熱は、大量の分子のさまざまな形態の運動の積分値として了解されるだけである。ただし、測定不可能であることが、その自然要素が存在しないことを意味するのでは、断じてない。現行の化学／生化学そのものも歴史の産物であり、その過程を通して熱運動は省略可能な水準と見えていたため、あたかもそれが存在しないかのように振る舞う学問の態勢になっているだけである。そしてまったくの善意からではあるが、現行の自然科学が罹っている熱嫌悪症を隠蔽する類の科学啓蒙が、繰り返し行なわれてきている。百年以上前、ボルツマンが理想気体の実在性／真理性を確信していた時代に直感的に描いたイメージ図、つまり、黒い点で表わされる球形微粒子がランダムに飛び回っている図が、いまなお、説明の場で広く使用されている。この図が繰り返し使用され、教科書の定番となることで、熱問題ははるか以前に古典力学によって解決済み、という印象を多くの人間に刷り込む結果になっている。そしてそれは自然認識のあり方を、ひどく平板なものにしているのである。

何度も戻るが、十九世紀機械論の基底にあるのは、「未知のものには無機的自然を仮置きする」という知的戦略上の判断である。そして、その中心にある熱力学第二法則の至高性の実情は、宇宙の「熱的死」論をも含めて、物体すべてが球形・剛体で近似でき、かつ自由運動する対象に対してのみ適用可能な理論である。煎じ詰めれば、ニュートン主義とは、天体と理想気体を究極モデルに置く自然への向き合い方であり、これが十九世紀的偏見の正体なのである。

翻って二十一世紀のわれわれは、細胞内の自然は複雑な生体分子が濃密に融解している水溶液であることを熟知している。であるならば、生体分子は、細胞内の本来の（nativeな）環境下では、他の生体分子や水分子との激しい衝突の嵐の中、さまざまな細胞内小器官や細胞骨格とも影響しあい、束縛を受けあいながら、分子固有の振動や一時的な変形をもって反応しているはずである。そして細胞内はこの次元の自然が重要な生理的機能を担っているという前提を置いて、考察をめぐらすべきなのだ。

いまのところ熱運動は、温度という形でその平均値を得るのがせいぜいであり、恐らく将来もその大半は直接の観測は不能のままであろう。細胞内はさまざまな型の微視的な「熱構造論的thermo-structural」な応答に満ち満ちているはずである。こう推測することは、熱の一様性を大前提とする既存の熱力学の理論とは正面から衝突するように見える。だがそれは、サディ・カルノー（Nicolas Léonard Sadi Carnot: 1796～1832）以来の熱力学が、気体を、それも理想気体を、基本モデルに置くことで立論され、体系化されてきた理論だからである。ボーアは、生命を物理・化学の側から探究していけば、パラドックスに出会うはずであり、そこでは、既存の物理法則とは矛盾しない、新しい自然法則が立ち現われると想定した。彼の洞察は正しかったのだが、既存の古典力学の体系を信用しすぎて、待ち構える場所を誤ったようである。

第4-2図　古典力学が含意するあり得ない現象
(Bent: The Second *Law*, 1965)

そこで、C象限メソネイチャー論である。第4-2図は、同じベントの教科書の冒頭に掲載された図である。これには何も説明がついていない。しかしベントの意図は明らかで、エントロピー増大は自然界には絶対に起こらないことを直感的に示そうとしたのであろう。だが、果たしてそうだろうか。『バイオエピステモロジー』の第六章でも用いたものだが第4-3図は、第4-2図の左右を反転させて通常の世界に戻し、大きな物体が落下すると、その後側には必ず「カルマンの渦」のような逆流現象が生じる、日常経験を思い出させるものである。これは直感的な説明だが、メソネイチャーに焦点を合わせると、分子が複雑で多種多様になればなるほど、つまり、分子の形が理想気体の剛体球形から外れて非対称性(asymmetry)が増し、構成する分子の群れの間での「対称性の破れ

第4－3図　微視的には逆流現象に満ちあふれている

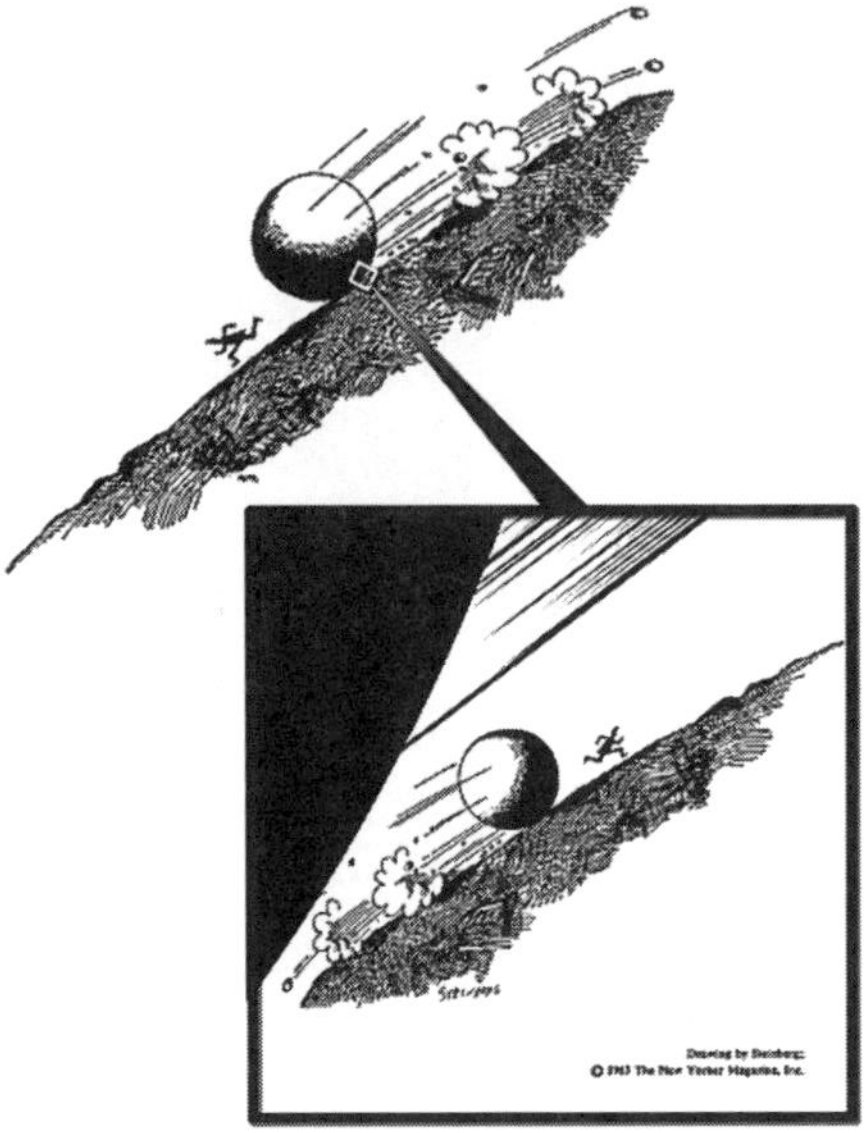

symmetry-braking」度合いが大きくなればなるほど、それだけ、熱力学第二法則をそのままの形で適用するのは不適切な対象となる。

第4－4図は、地球誕生後に化学進化が進み、ある時点で、多様な種類の分子から成るある組み合わせが、安定的に熱力学第二法則に抗する分子系を実現させ、始原生命として誕生したとするC象限メソネイチャー仮説を粗く示したものである。生命の起源研究は、ここでの議論と直接は関係ないが、分子次元の自然をどう見立てるかが鍵である点に変わりはない。NASAがまとめた報告『惑星系における有機的生命の限界 *The limits of Organic Life in Planetary Systems*』（二〇〇七年）で

第4-4図

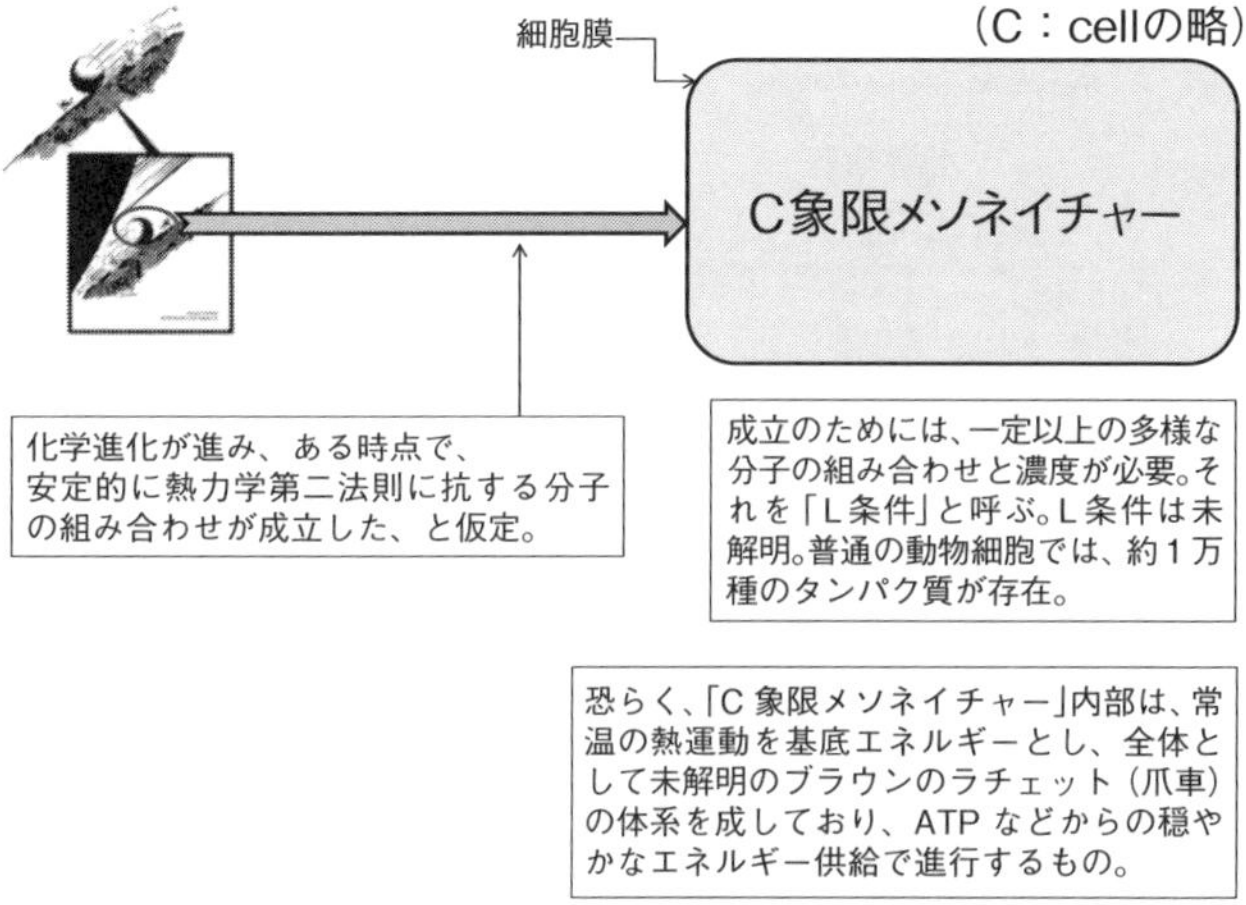

は、生命を「ダーウィン進化能力をもつ化学システム chemical system capable of Darwinian evolution」(p.6) と暫定的に表現した。これは現時点の生命科学における生命の定義としては、最も簡潔なものだが、それゆえに、その自然哲学が純粋な形で表出している。生命の定義についてはこれ以上触れないが、同じ報告の中で、「区画化 (compartmentalization) が鍵となる機能の一つである」(p.24) という原則が示されている。これは、メソネイチャー次元で抗・熱力学第二法則を実現させる系は、諸分子の濃度を一定に維持するために細胞膜が必須であるという要請と同じ位置のものだが、生命の他の特徴と関連させることなしに述べられている。また「ダーウィン進化能力をもつ化学システム」という生命の定義のし方は、後に述べるように、われわれが試みる、ダーウィン原理の論理的拡張とその逆解釈と、呼応する部分

第4-5図　（第2-2図を再掲する）

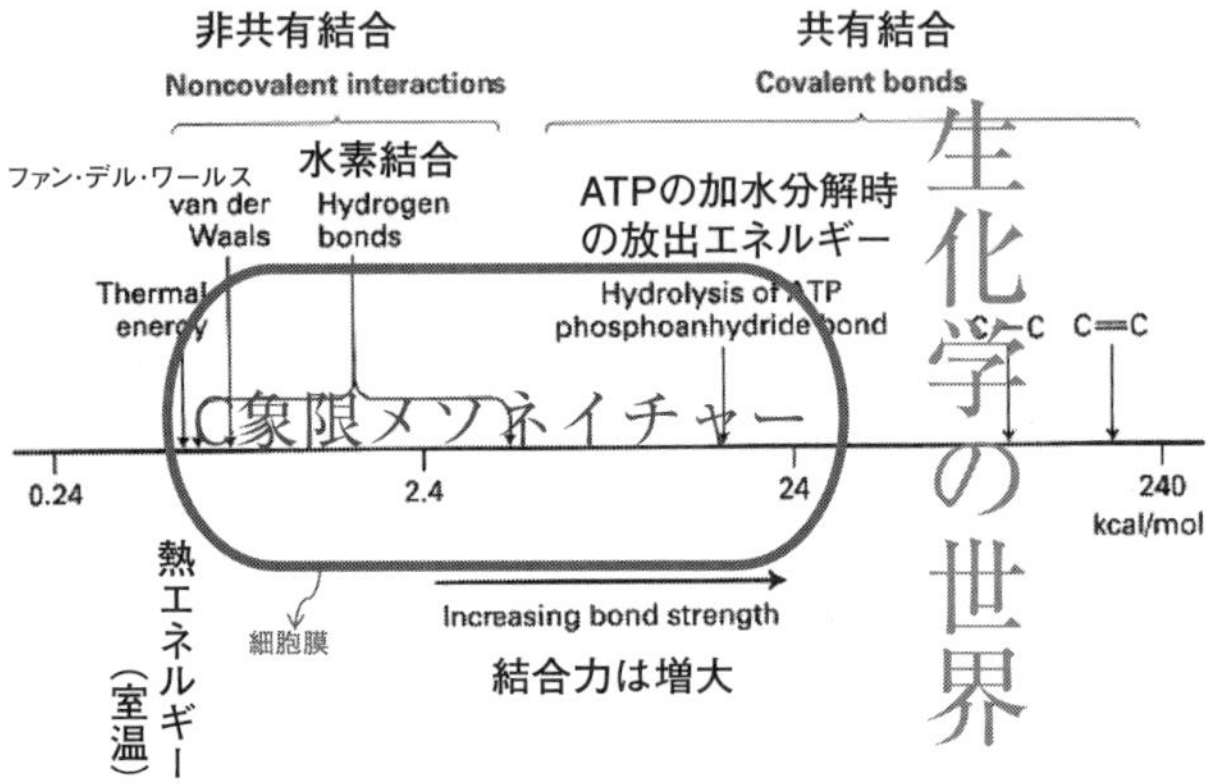

資料）H. Lodish, 他：*Molecular Cell Biology*. Macmillan, 2013, p.28を改作。

がある。

　ところで、生命の起源の仮説で、最近のもので説得力があるのは、岩石中の微細な孔が寄与したのではないかという考え方である。最初の生命、LUCA（Last Universal Common Ancester 全生物の最終共通祖先）は、海底の熱水口に沿った岩石の微細な孔の中に生命の基本機能を獲得した分子系が生じ、壁にへばりついた膜がはがれて誕生したのではないか、という学説である（E. Koonin & W. Martin: *Trends in Genetics*, Vol.21, p.647～654, 2005）。

　機械論の基盤にある「未知の自然には無機を仮置きする」という価値判断と連動させて、「ある分子の組み合わせで安定的に熱力学第二法則に抗する特殊解を実現させた」系を、ここでは「C象限メソネイチャー」と呼ぶことにする。これは『バイオエピステモロジー』では「C象限の自然」と表現したもので、以後はこの表現に改める。C象限のCとは細

第4-6図

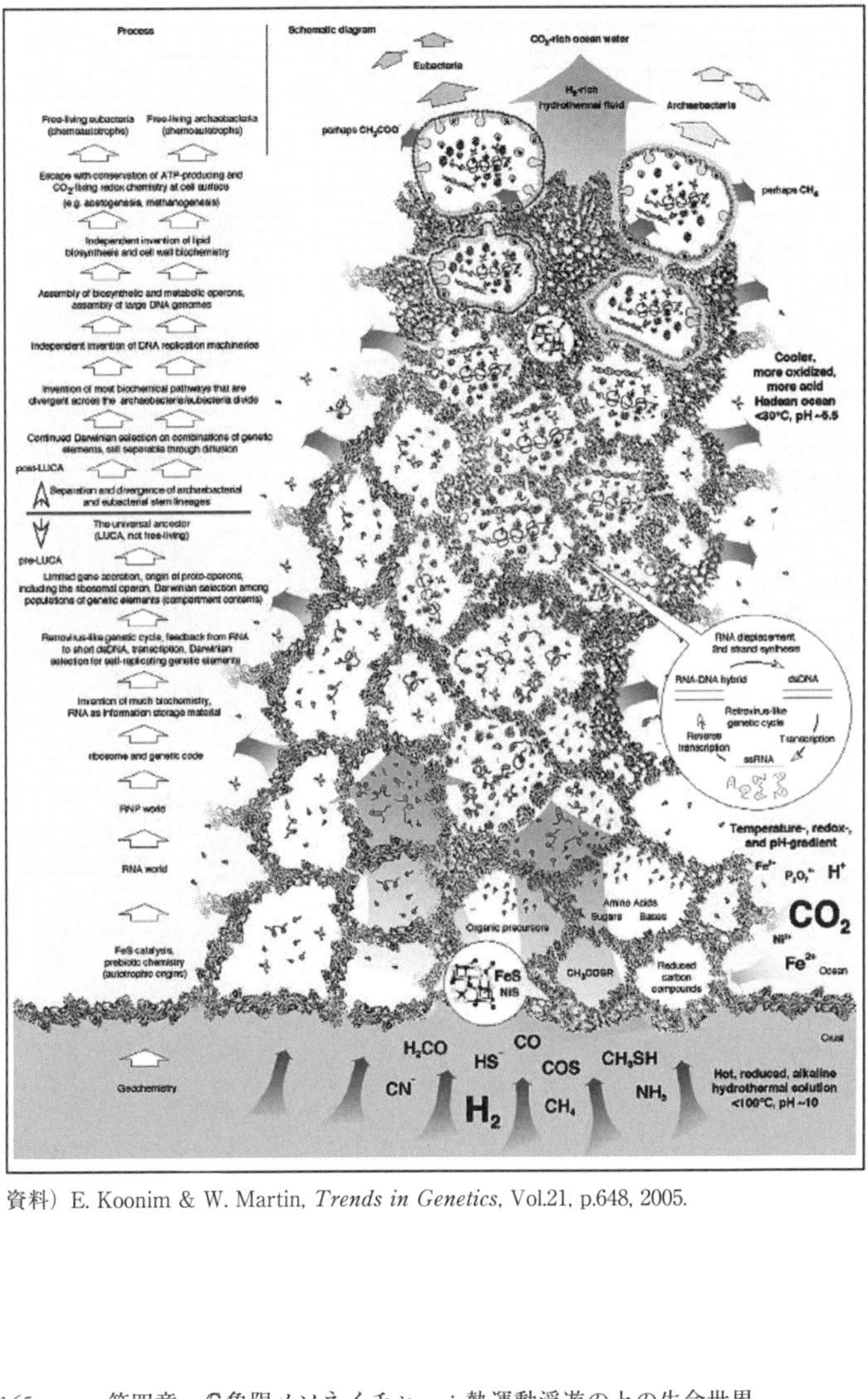

資料）E. Koonim & W. Martin, *Trends in Genetics*, Vol.21, p.648, 2005.

胞（cell）の頭文字であり、ここには「細胞膜内に展開する、外部とは異なった性質を帯びる自然のドメイン」という意味がある。言いかえれば、それは抗・熱力学第二法則を実現した特殊解の群れという点において、C象限メソネイチャーを構成する分子全体が意味連関を帯びていることになる。C象限メソネイチャーは、現行の物理・化学と矛盾はしないが、熱力学理論が貫徹する無機的自然とはまったく別の、「有意味・熱運動系」という象限の自然である。これが、ボーアが予想したパラドックスの予言は正しかったが、待ち構える場所を間違えた、と指摘したことの具体的内容である。

C象限メソネイチャーという、抗・熱力学第二法則を実現させた分子の組み合わせの特殊解群の共通の特徴を、L条件（Lはlifeの頭文字）と呼ぶことにする。L条件は未解明であり、超難問である。これは、生物はすべて細胞からできているとする細胞説に関して、新たにもう一つ別の、解釈仮説とこれによる正当化論を提供することになる。いま、われわれは一種のトートロジー（同義語反復）の環に入っている。ただし、原理的な仮説がトートロジーの形をとるのはやむを得ない。

C象限メソネイチャーという観測困難世界

C象限メソネイチャーは、正統派機械論が「それは生気論だ！」と否定し続けてきた方角に進路を採るものであり、ある程度、反発を受けることは避けられない。その方向の進路とは、『時間と生命』以来、示してきた「未探検の横穴」である。この横穴の入り口は大岩で塞がれ、「生気論　近寄るな！」と朱書されている。さらに、一段小さな文字で「危険人物　ハンス・ドリーシュ」とも書かれている。認識論史上のドリーシュの位置は、確実にここである。そして、ドリーシュの哲学自体も、強い時代の制約の下で「物質&エネルギー」二概念を出発点とする古典的性格を帯びたものであった。

一方、C象限メソネイチャーは、「薄い機械論」とは正面衝突する部分がいくつかある。その一つは、ワトソンの教科書『遺伝子の分子生物学』にある「細胞は化学法則に従う」という教義の真逆を仮定していることである。ワトソンは、DNA二重らせんモデルの発見当初から、DNAの相補性を担う水素結合に注目し、その初版以来、弱い化学結合であるイオン結合や水素結合(3〜7kcal/mol)を重要視し、詳述してきた。

ここまでは認めてもよい。しかし、「細胞は化学法則に従う」という教義は、現行の化学が蓄積している諸成果に立脚し、それまでに観測可能であった諸因子だけが自然を構成しており、これをもって自然を説明することが科学である、とする判断に立っている。この点に関してわれわれは、すでに二つのことを論じてきた。第一に、このような価値判断をわれわれは「薄い機械論」と呼ぶのであり、その自然哲学的な枠組みは、十九世紀ドイツの機械論(Mechanismus)の直系であること、そしてこの立場は、未知の自然には無機的自然を仮定し、十九世紀に完成された熱力学をその出発点におく自然哲学であること。

第二に、熱現象は熱力学によって説明が終わっているとする、信仰に近い判断が自然科学者の間にあることである。しかし、古典力学の華である統計熱力学は、あくまで理想気体を基本モデルに置く理論であり、複雑で多種多様な生体高分子が濃密に溶け込んでいる生体内の自然に対しては、粗い一次近似としての有効性しかないことである。生体内の分子的自然（＝メソネイチャー）は、すべての分子が剛体・球形で代置できる理想気体とはまったく別のものである。

熱とは、化学／生化学が対象とする化学結合以外の、これよりエネルギー水準が小さい分子運動すべてが集積したものとして現象する、物質の集まりが帯びる分子運動エネルギーの「積分値」と言い換えてよい。この熱現象を支える、さまざまな形の個々の分子運動を、手持ちの観測装置では測ることは困難である。個々の分子の熱運動を測定しようとすれば、まず特定の分子に狙いを定めなくてはならない。かりにこれが可能だとしても、観測をするために狙い定めた分子に接近する行為が、熱運動を乱してしまう。これは「熱運動相補性 complementarity of thermal motion」と呼ぶべき難題である。ただし熱運動相補性は、量子力学的な相補性のように、観測限界が理論的に確定しているものではない。たとえば電子は量子力学では確率雲としか表わせないが、これとは別ものであり、古典力学的系ではない観測手段によって部分的には接近可能のはずである。

これに対してC象限メソネイチャー仮説は、細胞内は弱い化学結合である水素結合やファンデルワールス力に加えて、もう一段エネルギー水準が低い、生体高分子の固有振動や一時的変形などの、熱運動の範疇に入る応答も生理的機能を担っていることを想定している（第4－5図参照）。化学結合のみで生命が説明できるとするのは、人間の側の憶断である。

「薄い機械論」は、観測されないものは存在しないという、暗黙の、しかし確固たる科学哲学的信念の上にある。それは健全な科学的精神のように映るが、古典的に過ぎる。最深度の科学評論からすると、「薄い機械論」が採るこの実証主義的原則は、二十世紀前半のエンテレヒー体験と表裏一体の関係にある。このエンテレヒー体験から最も強く影響を受けたのは、前述したように論理実証主義である。エンテレヒーの否定は、Ｐ・フランクによる一九三〇年代以降のドリーシュの全否定に呼応して、同じ学派のカルナップ（Rudolf Carnap: 1891～1970）が主張した、「物理主義 physicalism」とも連動している。物理主義とは、「すべての現象は物理的である」という哲学的要請である。ただしここでは、これ以上論じないことにする。

自然科学は、人間からみて取り組みやすい、自然が弱点を露呈させている側面から順に探求し、成果をあげてきた。自然科学はそういう歴史的営為の産物でもある。だが、自然科学としての取り組みやすさの順位が、そのまま自然の構造を反映していると限らない。そう考えるのは恣意的であり、人間中心主義的な自然解釈の態度である。機械論は、生命を物理・化学で説明するという数世紀来の構想だが、分子という存在の本質は化学結合だけではない。分子が分子として自然の中に存在するかぎり、必然的に、さまざまな形の熱運動を帯びることになる。

Ｃ象限メソネイチャー仮説は、それ全体が抗・熱力学第二法則性を実現させた系であるという一点において、有意味・熱運動系であることを仮定しており、熱運動相補性と生物学的相補性とは異次元のものであるが、重なることになる。ともかくC象限メソネイチャーが、観測困難な自然のドメインであることに変わりはない。この象限の自然に対しては、われわれは全知力をふり絞って、その基礎的な概念の組み立てから、論理的なあらゆる可能性を視野に入れて接近をしていくよりない。この方向の試みを、生気論（もしくは形而上学もしくは観念論）だと自己検閲をかけてきたのが機械論である。

高分子混雑効果vs生化学

現行の生化学が立脚する認識論上の破断面が露出している研究領域がある。それは、高分子混雑効果（macromolecular crowding）という現象である。

これは、たんぱく質などの高分子が水溶液中に高濃度にあると、分子の振る舞いが変化する現象である。たとえば大腸菌の細胞内は、たんぱく質や核酸に代表される高分子が、300〜400mg/mlという高濃度で詰まっている（S. Zimmerman 他, *Journal of Molecular Biology*, Vol.222, P.599, 1991）。他の生物の細胞も、だいたい同水準の高分子濃度である。このような状態では、高分子の混雑効果によって、溶液中の高分子の占有体積（正確には排除体積：excluded volume）がわずかに収縮し、この熱力学的な状態変化によって高分子の活性が増すのである。

この現象は、細胞内の自然（＝C象限メソネイチャー）は全体として、現行の化学／生化学の結論とは異なった振る舞いをするものであることを示している。この細胞内における混雑効果が試験管内の実験と異なる点に焦点を合わせた論説の代表が、エリス（R. John Ellis）による「高分子の混雑効果、明瞭だが認識が不足 Macromolecular crowding: obvious but underappreciated」（*Trends in Biochemical Sciences*, Vol.26, p.597～604, 2001）である。一六年前に発表された評論だが、現在もエリスは少数派である。その冒頭と結論の部分を訳出する。

すべての細胞内部の特徴は、そこに含まれる全高分子の濃度が高いことである。このような溶液は、〈高濃度 concentrated〉と言うよりは、〈混雑した crowded〉という表現が用いられる。と言うのも、単一の高分子が高濃度にあるのではなく、全容量の非常に多くの割合（典型的には二〇～三〇％）を占める高分子群が合わさったものだからである。だからこの分画のものは、物理的に他の同種分子を利用できない。これによる体積排除は、普通には検知されないエネルギー論上の一定の効果を産み出すことになり、それが今回の論評のテーマである。生体高分子は、こういう混み合った環境内で機能を展開する。たとえば、大腸菌の一細胞内のたんぱく質とＲＮＡの合計の濃度は300～400mg/mlである。この混雑度を、ある芸術家は第４－７図のように表現している。似た図は、真核細胞の内部の主要区分についても示されている。

細胞内環境はこのような生理学的な特徴であるにもかかわらず、生化学者は高分子の特徴を研究する場合は、全高分子の濃度が1～10mg/mlかそれ以下で行なうのが普通であり、これでは混雑効果は省略できてしまう。（中略）

この違い〔註：混雑効果によってたんぱく質の反応が異なること〕を疑問視する人たちは、なるほど現在その違いを定量化できてはいないが、分子生物学は注目すべき成果をあげ続けているのだから問題はない、と言い張るかもしれない。確かに、専門雑誌の編集者は、細胞内の状況における混雑効果を決定的に示す実験結果がないという疑問を理由に、その種の論文原稿を一律に拒否するわけではないのも事実である。だがこの現状が、混雑効果は生化学の時代精神（Zeitgeist：原文はゴチック）の一部を成してはおらず、生化学や分子生物学の標準的な教科書ではめったに言及されないことをよく説明している。（中略）

第4-7図　グッドセルの作品

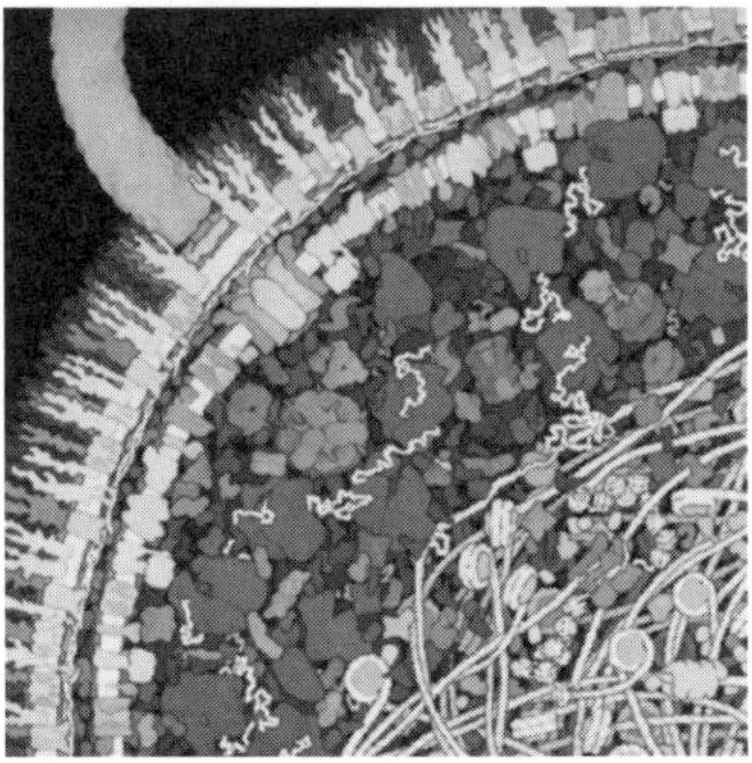

結　論

実験的も理論的にも、生きた系において混雑効果が高分子の相互作用に深遠な量的影響を与えるという見解を支持している。混雑効果は、高分子の集合と構成に影響を与えているのであるから、生命におけるすべての、共有結合によらない集合や（and/or）構成変化、たとえば、たんぱく質や核酸の合成、中間代謝や細胞シグナル、遺伝子発現や動的運動系の機能において、一定の役割を果たしているのであろう。このように、生化学者が、この特性を無視し続ける姿勢は矯正されるべきである。混雑効果は、曖昧な現象であり余裕をもって無視するのは可能で、細胞内にあった無関係の高分子を、試験管内の単純な薄い緩衝溶液に加えて洗練された実験系を構成して探究することは可能である、という考え方は改められるべきである。

この問題に関する答えは、生きた系は生化学的には一律に混雑効果の状態下にあることである。混雑効果を付帯現象と見なすことはできない。なぜなら、混雑効果は非常に非線形的で、恐らく生きている状態には必須のもので、高分子の性質としての微妙な感受性を惹起させるものである。細胞内の高分子の全濃度がわずか1～10mg/mlでしかない場合に、そこで生化学の系が〔本来の機能を〕効果的に作動できると想像することは困難である。ゲノム配列分析から次々と新しいたんぱく質が見つかるいまの状態は、より多くの研究者に対して、生きた細胞の高分子の構成を研究する際、その基盤となる概念の一つに混雑効果を加えさせるまたとない機会となるはずである。」（引用文中での単位は統一）

エリスがいまもなお異端的地位にある理由は、現行の生化学の圧倒的な研究成果を前に、正統派の研究者が総説論文で、エリスを相手にせず、混雑効果についての熱力学的な研究結果を踏まえた上で、試験管内の実験結果と細胞内（in vivo）の反応の違いについては将来の課題、と先送りする姿勢を崩さないからである。たとえば、総説「高分子の混雑効果と封じ込め：生化学的、生物物理学的、生理学的結論の可能性」（Huan-Xiang Zhou, Germán Rivas & Allen P. Minton: Macromolecular Crowding and Confinement. Biochemical, Biophysical and Potential Physiological Consequences, *Annual Review of Biophysics*, Vo.37, p.375〜397, 2008）の要約部分を訳出してみると、それがよくわかる。

要約

1．高分子の混雑効果は、全排除体積を減少させることで、反応を非特異的に強化する。一般にこれらの反応には、溶液中での高分子複合体の形成、高分子表面における結合、不溶集合体の形成、たんぱく質の圧縮や折りたたみ、が含まれる。これらが効果の予想される程度は、濃縮されて混雑した分子種の相対的な大きさと形態、そして溶解している高分子の反応物と生産物に、強く依存する。

（中略）

4. 生物的な流動体は、排除体積効果に加えて、非常な不均質性と恐らくは非特異的な吸引と反発の分子間相互作用がかかるために、理論的もしくは試験管内の実験で研究される系よりははるかに複雑である。複雑性を付加するためにうまく定義された要素を含むモデル系についての、理論的および実験的な探求が、強く推奨される。(p.391)

生体高分子の混雑効果が、生物物理学(biophysics)の問題として、つまり一般的な物性論の問題として扱われること自体が、一つの自然哲学の反映である。ここに切り出した長くもない文章の中に、「薄い機械論」自然哲学が濃縮されて表出している。生命を物理・化学的に探究するという選択肢が、いまどのような状態にあるのか、もう一歩近づいて確認してみよう。この要約の直前にある「試験管内と生体との間のギャップを狭める Narrowing the gap between in vitro and in vivo」という結論部分を訳出してみる。

われわれは、生体内における高分子の反応に関する混雑効果と閉じ込めの影響について、試料たんぱく質の振る舞いを数量的に研究することで、ボトムアップ・アプローチの手法によって精査できることを示してきた。試料たんぱく質は、その特定の微細環境(microenvironment)に本質的と思われる様態に応じて、もっとも単純なものから最も複雑なものへと体系的に変化させる。このようなボトムアップ・アプローチによって、究極的には、選ばれた微細環境のすべての要素を現わした、疑似的細胞の溶液の構成に到達するであろう。（中略）これは決して簡単な研究ではない。だが、生物における非特異的な相互作用の役割を量的な言葉で理解することが、われわれの目標であるならば――それは生命のメカニズムにとって絶対に本質的な役割であるとわれわれは信じるのだが――、われわれは、これらの本来的に複雑な系の細部に注意を払うことを避けられないのである。

最先端と言われる生体高分子の研究が、なぜこのような水準に何十年もとどまっているのか。繰り返すがそれは、「物質＆エネルギー」二概念に拘束され、その延長線上の無機的作用として説明することが科学である、という固い信念の上にあるからである。高分子混雑効果に関しても、ともかくこの二要素に分けて考える以外にはないと思い込んで、どんどん細かな分析の方向に進んでいくのである。

もう一つ、生化学研究の現状が吐露されている文章を引用しておこう。

C・コスラ（Chaitan Khosla）の評論、「酵素学よ、どこへ行く Quo vadis, enzymology?」（*Nature Chemical Biology*, Vol.11, p.438-441, July 2015）は、当面の酵素学が取り組むべき課題を六つ挙げている。その最後に、細胞内での酵素の実際の反応に肉薄する方向性を挙げているのだ。短いので、その全文を訳出する。

生体内酵素学（Enzymology in vivo）

酵素学者は、必然的に生体酵素を55molまでの水溶液で分析するが、いくつかの酵素ではその生物学的機能は、水溶性の緩衝剤中で不十分な形でやっと把握可能である。このような場合、試験管内（in vitro）の観察と生体内（in vivo）の観察との間に、明らかに量的（場合によっては質的）な面で大きな乖離が出る。実はわれわれは、異方性のある膜や、ゲル状の環境や、微弱な（しかし特異な）巨大分子間の相互作用など、典型的な細胞内組織体から生体酵素への作用を理解するための、一般的な戦略をもってはいない。まずはそのような作用が存在するのを知ることが、問題解決への第一歩、というのが本当のところであろう。ただし、酵素の生体内の静力学的変数を分析した最も早い例は、数十年前にさかのぼることは注目してよい。ごく最近、直接的な概念に立ち、かつ高度な技術を用いて試験管内で、生体内の状況をシミュレートする研究が始められ、注目されている。また、分子生物学の圧倒的な力を動員して、生体内のある種の酵素の機能を直接調べることが始まったのは、驚くに当らない。超高解像度顕微鏡における細胞への侵襲は小さくなってきているから、いつの日か、研究のための純粋な酵素を必要とするコーンバーグ・パラダイムは、未来の酵素学の学生はそれに挑戦する必要はなくなり、単なる手順の問題以上のものではなくなっている可能性も考えられよう。（p.440）

スコラの評論のきっかけになっているのが、二八年前に書かれたA・コーンバーグ（Arthur Kornberg）の評論、「二つの文化、化学と生物学 The two cultures: Chemistry and Biology」（*Biochemistry*, Vol.26, p.6888-6891, 1987）にある、次の一文である。

十九世紀には化学と生物学が分離していたが、二十世紀において生化学が起こり、成長することでこの間が架橋された、と考えられるかもしれない。だがしかし、生化学は化学と生物学の間の谷間を埋めることに失敗した。（p.6889）

C象限メソネイチャーと熱運動

「水」論を行なうべき時にきたようである。

生命にとって水はもっとも重要な物質である、というのが常套文句なのだが、現行の生命科学で本当にそのように扱われているかは、おおいに疑問である。水は、典型的な細胞では構成分子の七〇％（重量比）を占めている。水は、地球上ではありふれた溶媒で、物理学的にはその性質は詳しく調べられているが、他方で、物質として特異な性質をいくつかもっている。化学的にはたいへん安定な理想的溶媒であり、まさにこの無反応性ゆえに、多くの場合、科学的な考察の対象から省かれてしまう。われわれにとって見過ごせないのは、水が熱現象の担体そのものであるからでもある。

水は、たんぱく質や核酸と、イオン結合や水素結合や疎水性結合によって、その内部と周りに水和（hydration）層を形成する。たんぱく質はこの水和層で満たされないと機能しないし、またＤＮＡは完全に水和された状態でもっとも構造が安定し、Ｂ型構造をとる。水和水としての水分子はこのように緩く拘束されており、溶媒としての水分子（バルクという）と異なった役割をする。こうして細胞内では、さまざまな大きさの分子は拡散する速度がそれぞれ減じられ、つねに細かな非平衡の状態が作られている。水分子は、たんぱく質の折りたたみなどで重要な役割を担うが、ＤＮＡの転写でもそうであるらしい。教科書には、ＤＮＡの塩基配列が暗号としてすべてのたんぱく質の構造を決めていると書いてある。しかしＤＮＡ分子の外見は恐ろしく単純で長大な高分子であり、外から見れば単純なひもである。その中から目的の塩基配列をどうやって見つけ出し、そこにだけ機能たんぱく質がとり付くのか、大きな謎である。どうも、水分子がＤＮＡ二重らせんの溝の間に規則的に入り込んで、塩基配列の違いを誇張させて外側に示している可能性があるらしい。

細胞内での水の機能は特別である、という点を強調するのがＭ・チャプリンである。彼はレビュー論文「われわれは細胞生物学において水の重要性を過小評価しているか？」（Martin Chaplin: Do we underestimate the importance of water in cell biology?, *Nature Reviews Molecular Cell Biology*, Vol.7, p.861～866, 2006）において、細胞内の水についてこう述べている。

ＮＭＲ（核磁気共鳴）などを介した分子ダイナミクスの研究によれば、生体分子をとり囲む内部水和層の外側の水は、その生体分子の影響をほとんど受けないとされるが、他の研究によると、細胞内の水は細胞外とは異なった振る舞いをする。たとえばＮＭＲによると、細胞内の水は粘性が高く、拡散力は低い。これは単に多様な溶質が存在したり、生体分子の表面拡大によるだけではなく、さまざまな要因の組み合わせの複合的な結果以上のものと考えられる。実際、以下のような信頼に足る議論が提案されてきている。細胞内環境はゲルである、流体結晶である、あるいは広範囲偏水構造から成っている、などなど。細胞内は込み合った場所であり、水は高い割合で生体分子との相互作用を伴っており、浸透性の応答はない。このような環境下では、たんぱく質の小さな構造変化でも多くの水と連動して拡散過程を減少させることができ、また逆に、より多くの水を開放し、細胞内環境の流動性や活動性を増やすことができる。……（p.864）

チャプリンは、その多くはまだ理論的可能性でしかない水クラスター論（水分子が互いに水素結合によって、部分的・一時的に塊りを形成する）を重視しすぎる傾向があり、この問題では異端的な立場にある。実際、これを抑えるような長大なレビュー論文もでている（Phillp Ball: Water as an Active Constituent in Cell, *Chemical Reviews*, Vol.108, p.74~108, 2008）。ただしここでは、ネイチャー系列のレビュー誌がこの時点でチャプリンにレビュー論文を依頼したことの方に意味があるのだろう。

現在の「水」論を、最深度の科学評論から眺めると、その水嫌悪症（aquaphobia）はたいへんな重症であることがわかる。生命の基本が水であり、細胞内の物質の七割が水であることを科学者は熟知していながら、あたかも歌舞伎の「黒子」のように存在しないものとする「水=黒子」取り決めを生命科学は採用しているように見える。実際、生命科学者は、何の躊躇もなく、研究対象を一度ならず超遠心機にかけて脱水する。そして、その分析結果を研究室のホワイトボードに書きつける瞬間に、熱運動までもが完全消去される。その後それは生化学的な成果として、便宜的絶対0度の「静止した真理」の文献集塊の中の一項目として組み込まれてしまう。水嫌悪症は熱運動嫌悪症も併発するのだ。

これに対してC象限メソネイチャー仮説では、生体内のすべての分子や分子から成る組織は、水という熱運動媒体の中に埋め込まれ、その状態での応答を強いられている。別の角度から見ると、生体内のすべての分子やそれから成る組織は、熱エネルギー（念のため繰り返すが、常温では約0.6kcal/mol）を基底エネルギーとした「浮いた」状態、いわば「熱運動浮遊 thermal motion floating」の状態にあり、これらの分子系が、全体の組み合わせとして、抗・熱力学第二法則性を実現する方向の有意味を帯びている。それは、地球誕生後まもなくして始まった化学進化以降、少なくとも三八億年ぶんの分子進化の過程を経て磨きあげられた、一方向に進行する未解明のブラウン・ラチェット（Brownian ratchets）の連鎖系を形成している、と考えられる。ラチェットとは、歯車に歯止めをつけて一方向だけに動くようにした装置のことで、「ブラウンのラチェット」とはその分子版である。これまで、生体分子の複雑な構造がつぎつぎ明らかにされてきているが、なぜそのような分子構造である必要があるのかはわかっていない。

氷の上で移動をしようと思うと、氷との間でわずかに水が溶けて摩擦がゼロに近くなる。これに似て、生体内での反応はすべてが熱運動の上に「浮いて」おり、分子の多様な熱運動が寄与して、生化学が結論づける反応エネルギーより、生体内での反応エネルギーは格段に低くなる。高分子混雑効果が近傍にしか及ばないのは、測定困難な分子固有の分子振動など（つまり微細な熱運動構造）が寄与する現象だからなのであろう。要約すると、生体内の分子次元の自然（C象限メソネイチャー）は、未解明の有意味・熱運動系を形成しており、時間はかかるが緩やかな反応の連鎖として、統計学的（stochastic）な現象として達成される「汎ブラウン・ラチェット系」なのであろう。それは、ATPを主要なエネルギーの供給源とする、極端にエネルギー効率の良い、時間はかかるが穏やかな反応系なのであろう。実際、先に触れたブレンナーは、生体内の反応を「非常に低いエネルギーの物理学であり、宇宙のこの小さな一隅で展開されている特殊な化学」（『*A Passion for Science*』1988, p.101）と表現している。恐ろしく複雑である人体という自然が、最終的に環境に捨てる熱エネルギーは、白熱球一個ぶんと計算される。

本書では、分子の熱運動を視界に入れている場合をはっきり示するため、必要に応じて分子を中抜き活字で表わすことにする。たとえば普通はＤＮＡと表記されるが、これは暗黙のうちに、熱運動が省略可能と見なし得る次元におけるＤＮＡとして語る場合である。Ｃ象限メソネイチャー内にあることを特に強調する場合は、𝔻ℕ𝔸と表わすことにする。乾燥状態に近いＡ型ＤＮＡはこの表記だが、完全な水和状態にあるＢ型ＤＮＡは、𝔻ℕ𝔸（＋$\mathbb{H}_2\mathbb{O}$）とした方が良い場合が出てくるであろう。余談だが、無機と有機の中間に結晶を置く考え方は、Ｃ象限メソネイチャー仮説からは完全に排除される。

第五章　希望としての「薄い機械論」の脱構築
――熱運動断層の向こう岸をめざして

「薄い機械論」が内包する自己欺瞞

われわれは、岩盤の上に築かれてきた二十世紀後半の科学哲学からの離脱を試み、「百年冥界対話」を介して、現行の生命科学が立っている哲学的な位置を確かめようとした。これによって少なくとも、「薄い機械論」仮説が有効であることは示せたと思う。そして、それとともにおぼろげに見えてきたのが、今日のわれわれをとり囲む広義の自然哲学的な風景である。

茫漠とはしているが、その未明の景色から、いくつか推論が可能である。その一つは、現行の「薄い機械論」には自己欺瞞的な要素が含まれていることである。その基盤には古典力学的自然観が在るのだが、二十世紀半ばに分子生物学が掘り当てた生物的自然は、これとははっきり矛盾する特徴を帯びていた。その一つは、十九世紀以来の熱力学的自然観には、隣り合った異種分子が相互に意味をもったり、分子そのものが情報の担体となることなど絶対に含まれないことである。あらゆる先入見なしに自然を受けとめ、理性のみによってこれを解明するのが科学であるのなら、本当は、分子生物学者は、眼前に展開した生物的自然を根拠に、十九世紀以来の機械論という自然哲学を潔く放棄し、新しい自然哲学を探求すべきだったのだ。

だが実態は違った。生命科学者たちは「細胞は化学法則に従う」(1965) というワトソンの自然哲学的言明を黙々と受け容れ、生物的自然が帯びる非熱力学的特徴は視野に入れない道を採った。そして、つぎつぎ発見される生体分子の複雑な構造の次元に関心を集中させ、その論文を大量生産する道を邁進した。そのため、分子生物学は、その揺籃期にはまったく新しい生命観をもたらすものと期待されながら、まもなく生化学の側に呑み込まれ、生命科学における生化学の圧勝という現在の光景をもたらすことになった。

「薄い機械論」が含む矛盾を自己欺瞞的と言ったのは、生命科学者の多くは、生命を分子で説明しつくすというワトソン型の方法論に全幅の信頼を置いてはいないのだが、他面で自らの行為を正当化したい気持ちがあるからである。「生化学の圧勝」という眼前の自然哲学的光景の不安の源を探っていくと、第二章で触れた、近代自然科学がはらむ瑕疵問題に戻っていく。

分子生物学が解き放った自然が、重大な哲学的意味を帯びていることは、当初は少なくない生命科学者が直感した。だがいったん「薄い機械論」を受け容れてしまうと、眼差しを生体分子の間近に固定するようになり、この体勢を自己正当化してしまう。大半の生命科学者は、制度化された「薄い機械論」の世界に安住するようになり、広く化学／生化学的実験マニュアルに、すっかり依拠するようになる。その過程で、あらゆる形態の熱運動は考察の対象からははずされる。熱運動が視野から消える視角を選ぶようになるのだが、それは、また、近代自然科学の悪弊である熱運動嫌悪症に罹患することであった。

そんな中、ワトソンとクリックの二人は、分子生物学が解き放った自然に対して、非常に影響力ある、この時点では妥当と思える解釈を示した。二人はＤＮＡモデルの発見当初から、ＤＮＡ分子の相補性（ここでの意味は、ＤＮＡ分子の二本鎖が互いに鋳型となること）構造こそは、遺伝現象の分子次元の対応物であろうと直感した。「ＤＮＡ＝遺伝現象の分子的実体」という見立ては、二重らせんモデルの発見に続いて、クリック自身が提唱した、セントラルドグマ（ＤＮＡ上のメッセージは、ＤＮＡ→ＲＮＡ→たんぱく質、という一方向に流れる）が実証されたことで、大半の生命科学者の中で確信に変わった。またワトソンは『遺伝子の分子生物学』（一九六五年）の初版以来、その冒頭にメンデル遺伝学を述べ、メンデルの遺伝子概念をＤＮＡ上の構造遺伝子、あるいはセントラルドグマの過程と重ねて論じた。だが後述するように、「ＤＮＡ＝遺伝現象の分子的実体」という見立ては、自然哲学的な誤読だったようなのである。

分子生物学が成立し、「ＤＮＡ＝遺伝現象の分子的実体」という認識が浸透していくにつれて、ここに立って、自然全体を再解釈することがにわかに重要な思想的問題になった。それが一九七〇年前後に出版された、分子生物学者による思想書である。なかでも、オペロン説（ＤＮＡ上の構造遺伝子と、その発現を調節する部位をふくむ分子的な仕組み）を提唱した、J・モノー（Jacques Lucien Monod: 1910～1976）とF・ジャコブ（François Jacob: 1920～2013）の二人の著作が重要である。モノーの『偶然と必然 Le Hasard et la Nécessité』（一九七〇年）、ジャコブによる『生命の論理 *La Logique du Vivant*』（一九七〇年）がそれである。双方とも、遺伝現象が分子次元で説明可能になったという認識に立ち、それと同時に生命の合目的性がより鮮明になったことを正面から認め、哲学史を踏まえながら、生物的自然の合目的性に現代的説明を与えようとしたのである。野心的な試みであり、時代の哲学的課題から逃げない、フランス知識人の知的誠実さである。

一九七〇年代前半には日本においても、分子生物学の成果を現代思想の一角を形成するものと考えようとする試みがあった。例えば、一九七三年に創刊された思想誌『現代思想』が企画した一連の特集がそれである。これに応じたのが、分子生物学者の渡辺格（1916～2007）であった。しかし渡辺の代表的著作『人間の終焉』（一九七六年）は、生命は分子機械であるという粗い言明と、第二次世界大戦時代に体験した精神主義への反動からくる、物質のみが客観的真理であるという主張を、強引に重ねた生煮えの評論であった。

このような分子生物学者の言明に対して異を唱えたのが、生化学者の江上不二夫（1910～1982）であった。江上は、「生物科学、分子生物学と物理科学」（『自然』一九八一年一月号、p.46～47）という、短いが密度の濃い評論でこう述べている。

「……一九五〇年代、一九六〇年代は分子生物学の時代といわれる。そしてしばしば言われる、

〝量子力学によって物理学と化学とが統合されて物理科学となった。そして分子生物学によって生物科学と物理科学が統合された〟と。これは**分子生物学の過大評価**だと思う。強いて言えば、分子生物学――むしろ生理科学というべきだと思うが――によって、**現段階における生物科学と物理科学との間の本質的断絶がどこにあるかが明らかになった、といえるのであろう。**

〝生物はDNAテープにヌクレオチド配列としてきざみ込まれた遺伝情報に従っての分子間相互作用によって作動し増殖する分子機械である〟としばしば言われる。これにも私は疑問をもつが、ここではこれは認めよう。ここでの問題は、**このことが分子生物学で明らかになったから生物科学と物理学との断絶がなくなり、そこに橋がかけられたという分子生物学者（例えば渡辺格）の主張を私は理解できない。**

渡辺慧が『生命と自由』に述べているように、そもそも情報という概念は本来の物理学における概念ではない。物理学の体系はその概念なしに成立する。ところが、生物科学では遺伝情報がまさにその出発点であって、情報という概念なしには説明されないのである。いまも原則的には認められているセントラルドグマ、DNA→RNA→たんぱく質は、この科学の基本的性格を示している。**ここにこそ、現段階における生物科学と物理科学との根本的断絶があるのである。**

……生命探究には、物理学的探求と歴史的産物としての生命をそのものとして見る生命探究との相補性がやはり存在するように思われる。これはボーアが「光と生命」で述べた生命研究の相補性とは意味が違うが、必ずしも無関係ではないと思う。

要するに、いちばん基本的な、地球生命全部に原則的に共通な歴史性、すなわち遺伝暗号の由来が物理科学と生命科学との基本的統合がなされたことになろう。生命に見られる個々の合目的性の由来は逐次に理解されるであろう。しかし、それにしても相補性は残るのではないだろうか。」（強調は米本）

この時代は、分子生物学の存在感は圧倒的であった。だが、その分子生物学者による自己欺瞞的な発言に対する江上の批判は正確である。日本の不幸は、このような的確な自然哲学的批判がありながら、それが知的集団には受けとめられなかったことである。

ところでこの本が意図しているのは、分子生物学の批判でもなければ、「薄い機械論」の拒否でもない。現行の生命科学は、半世紀以上にもわたって隆盛を極めてきている巨大体制である。それを支える思想を、帽子をかぶり直すがごとく、簡単に別のものに取り換えられるはずがないからだ。目指すところは、体制化／物象化した現行の「薄い機械論」を、厳格な検証にかけ、脱構築（ディコンストラクション）することにある。「薄い機械論」と生命科学とを同時に、最深度の科学評論の研磨台に乗せ、その言い過ぎの部分を削り落し、生命に対する見立てとしての有効性を見定めることにある。ここで行なうのは、その先に待ち構えるさらに大きな作業のための下準備である。その大作業とは、「便宜的絶対0度」という無熱運動の形態をとっている、現行の化学／生化学の膨大な文献内容を、**©象限メソネイチャー**の理解につなげるために有効な、補正法を考え出すことである。

©象限メソネイチャーと近似真理

いま一度、第4-5図（一六四頁）に戻ってほしい。これまで化学/生化学が示してきた説明内容は、実際の生体内の反応よりはエネルギー水準が上方にズレているのではないか、生体内の生体分子は水を媒介とした熱運動浮遊の状態にあり、その全体は汎ブラウン・ラチャット系を形成し、生化学的に計算される反応エネルギーよりもはるかに小さなエネルギーで進行しているのではないか……。これが©**象限メソネイチャー**仮説の主旨の一つである。

「細胞は化学法則に従う」という言明は、既知の化学法則で生体内の分子反応は説明できるという主張であるのと同時に、その裏返しとして、化学が確立させた一般の化学結合よりはエネルギー水準が格段に小さい熱運動は、安定で有意味な生理学的反応としては寄与し得ないのであり、熱雑音として消去すべき、とする判断を暗黙のうちに提示している。これに対して©**象限メソネイチャー**仮説は、化学結合よりエネルギー水準の小さい熱運動も、少なくともその一部は定型的反応をもち、生理学的意味を担うと考える。たとえば、生体分子固有の分子振動がその典型であり、まだ詳細は未解明だが高分子混雑効果もその近接性からして、生体分子が帯びる「微細な熱運動構造」の効果の一部であろうと推測される。このような理由で、分子以上・細胞以下の自然階層をとくに「**メソネイチャー**」と名づけ、それが帯びる熱運動を明示する目的で中抜き活字にする。
熱はつねに高い方から低い方へ一方向にのみ流れ一様になる、という経験的事実に対して、数学的表現を与えたのが熱力学である。だがその中で統計熱力学は、理想気体を基本モデルに置いた理論体系であった。十九世紀末／二十世紀の知識人は、このボルツマン型の熱力学的世界像——分子はつねに拡散し、熱はつねに完全に一様化するという自然像——を普遍的真理と受け取ってきた。だがわれわれ二十一世紀人は、細胞内は、理想気体とは似ても似つかない、信じられないほど多様な生体高分子が混雑状態にある水溶液であることを知っている。それは一見して、統計熱力学が想定はしていない分子の様相であり、微細な熱運動構造に満ち満ちた自然である。この事実から、**©象限メソネイチャー**仮説は、最初の生命が生まれた三八億年より前の地球上で、多様な分子を溶かし込んだ水溶液が、必然的に、抗・熱力学第二法則性という特殊解に到達し、以降、進化し続けている自然領域（domain）が細胞であると考える。それを**©象限メソネイチャー**と呼ぶのである。**©象限メソネイチャー**内部は、外側の無機的自然とはまったく異質であり、抗・熱力学第二法則性を実現させた有意味・熱運動系である。そしてこの推論以外は、すべて未知の領域である。

ここで、これまでの議論全体を振り返っておこう。「薄い機械論」は、既知の物理・化学で観測可能な自然要因で生命は説明できるとする思想であり、その根底には、観測されないものは存在しない、という哲学的な主張がある。他方でわれわれは、熱運動相補性——特定の分子の熱運動を観測しようと接近するとその熱運動を乱してしまう——という熱運動の観測困難性があること、同時に、近代科学精神の根底にはこの難題を認識論の次元で相殺し回避しようとする熱運動嫌悪症に罹っている、と論じてきた。結局、「薄い機械論」とは、分子をもって生命を説明するとしながら、化学結合のみを考察の対象とし、分子が分子として自然界に存在するかぎり不可避である、さまざまな形態の熱運動を視野の内から消去する精神的構造の中にある。それをここでは、物理・化学が孕む瑕疵問題と呼ぶのである。

また「薄い機械論」は、化学／生化学実験法が想定しこれによって抽出される分子と、試験管内で測定される反応エネルギー以外の要素、つまり既存の実験マニュアルに従って得られるもの以外の要因を仮定する立場にはことごとく、生気論の嫌疑をかけてきた。つまり「危険、近づくな！」と貼り紙のある横穴は、熱運動嫌悪症によってこれまで探索されることのなかった、©**象限メソネイチャー**という未踏世界への入り口でもあったのである。

過去一世紀を顧みると、二十世紀後半は、生命の自然哲学にとっては不毛の時代であった。それはたとえば、現在の宇宙論の領域における自由な議論と比べてみれば歴然とする。こうなった理由は、この時代の人間が、生物的自然に関する哲学的考察を分子生物学者に丸投げし、分子生物学者の側も、研究によって明らかにされる生物的自然についての哲学的考察も自分たちの専権事項であるかのように振る舞ってきたことにある。自然哲学的課題について、生命科学者へ権限を過度に譲渡し、生産物に対する批判的検証をほとんど行なって来なかった。そのために、生命科学者の哲学的感受性を鈍らせ、「分子担保主義 molecular collaterism」という安逸な道を進むのを許してきたのだ。ここで分子担保主義とは、特定の生命現象にはそれに対応した分子が存在するはずで、生命科学の使命はその分子を抽出して構造と機能を決定することにあり、狙い定めた分子を捕捉することが真理の解明と等価であるとする信念である。

現行の化学／生化学は、熱運動をその実質的媒体である水とともに脱水・消去し、抽出された生体分子についての特性を個別に調べ、その結果の膨大な文献ネットワークの内容を真理とする信念体系を築きあげてきた。実験マニュアルに従って得られる生化学の成果内容と、総説論文において「native な」という形容詞で表わされる細胞内での生体分子の実際の反応、もしくは©**象限メソネイチャー**内での分子の振る舞いとは、どのような関係にあるのか。比喩で表わせば、ちょうどルアーでイワナを釣ってその体長を測った（生化学的な特徴の測定）後、丁寧に水中にもどすのに近い。生物としてのイワナの振る舞い（native な場での生体分子の反応）を知りたいのだが、とりあえずイワナを釣りあげ（生体分子を精製し）、測定可能な体長のデータを集め（生化学的な特性の測定）て、真理を代理するものを手にする作業を大規模に行なっているのだ。

「細胞は化学法則に従う」という自然哲学に賭けて、生体分子を抽出してその構造を決め、試験管内（in vitro）で機能を測定してきたのだが、観測が精密になるにつれて、化学／生化学が蓄積した膨大な成果内容と、細胞内の実際の振る舞いとの差異が認識されるようになった。ここで重要なのは、〈便宜的絶対0度〉の真理を、アーティファクトとして貶めないことである。これら化学／生化学的な成果の山は、**©象限メソネイチャー**を、熱運動の項目のない別象限に写像した体系と見なすのが妥当である。その限りにおいて、**©象限メソネイチャー**にとって化学／生化学の成果は、「近似真理 proximal truth」と表現するのが良いであろう。

生体分子の熱運動を消去した、動かないスナップショットを貼り合わせる生命の説明は、いまもなお、ボーアが指摘した生物学的相補性（生命を研究しようとすれば生命を殺さざるを得ず、生命ではなくなる）という難題からは逃れられていない、厳格な事実を反映している。現行の生命科学は、生命を解体し、測定して、文書化された「法医学的証拠」の山を築いていることになる。一方で、生命的自然を直接検知できないこの事態は、基礎研究と医学的応用の接近を、逆に促す要因にもなる。化学／生化学の次元、つまり近似真理の次元で病気の仕組みが推定できれば、その欠陥を修正する試みである「医学的応用」は、検証手段になるからである。

われわれは長年にわたって、熱運動が相殺される視点に立つよう訓化されてきた。そして熱を説明する場面はいつも、黒い微粒子の理想気体がランダムに飛び交う図を繰り返し見せられた記憶しかない。現行の物理・化学の世界の内側に住まうかぎり、〝熱運動の豊曉〟には望んでも出会えないのだ。ホウは『ミドルワールド』の中で、ブラウンが初めてブラウン運動を観察した時、そこに生命力を見たのではないかと、わが目を疑った光景をありありと描いている。

「花粉の激しい踊りを見たとき、ブラウンは最初、ある種の生命力（vital life force）を偶然発見したと思った。有機的物質の基本粒子か原子、あるいはこの時代はよく言われた、神秘的な生命力が宿る基本粒子なのかもしれないとも考えた。しかしブラウンは、乾燥した花粉の資料も、ジンに二週間も浸した粒子も、同じように絶え間ない動きを示すことに気がついた。百年以上も経ったコケの胞子を調べてみた。ここでも、小さな粒子は常に動いていることが認められた。

これで彼は、生命力ではあり得ないという結論に傾き始めた。ゴム、樹脂、煤、埃を水の上に巻いて観察した。窓ガラス、鉱物、金属のかけらから隕石までをすりつぶして試みた。じゅうぶんに細かくすりつぶせば、初めに見たクラーキア・ブルケラ（マツヨイグサの仲間）の花粉の激しい踊りと同じような動きをした。（中略）

この絶え間ない踊りは、生命（life）ではなく物質（matter）にとって何か重要なものであるという結論に達した。小さな粒子の物質世界では、生きていようと死んでいようと、じっとしていられるものはない。あらゆるものが躍っているのだ。」（p.28～29、三井恵津子訳を参照）。

生体分子の視覚化（visualization）、暴発する思弁（speculation）

現在の、生化学の圧勝状態をもたらした要因の一つは、抽出や測定に関する技術開発が飛躍的に進み普及したことにある。生化学実験法が定める工程は、分業と精緻化が進み、多くは外注に出されて、広い研究支援産業が形成されてきた。その反面で、生命科学の全域で進む生化学化の意味についての哲学的考察は、極端に貧弱になった。

そしてここで強調しなくてはならないのは、大規模に成果が蓄積されている生体分子そのものは目には見えない自然であることである。にもかかわらず、今や科学者だけでなく、一般の人間までもが、細胞内の分子があたかも見えているかのように語るようになっている。これは大きな変化である。百年前、原子／分子は不可視の仮説的存在であった。その後、急成長した生化学において生体分子は、原子記号とその間の化学結合を表わす線と記号の列であった。初めて生体分子に形を与え、立体構造の研究に利用したのは、ポーリング（Linus Carl Pauling: 1901～1994）である。これに続く、ワトソンとクリックによるＤＮＡモデルの発見は、生体分子の立体構造の解明に知力を注ぐ研究への扉を開くものであった。

ＤＮＡモデル発見の半世紀を祝って、『*Nature*』は評論集を企画したが、美術史家Ｍ・ケンプ（Martin Kemp）はその中の評論、「現代科学のモナリザ」（*Nature*, Vol.421, p.416～420, 2003）でこう言っている。

「世俗的な視点からみて（科学内部の評判もそうなのであろうが）、Ｊ・ワトソンとＦ・クリックは、モナリザといえばダビンチを連想する以上に、ＤＮＡと結びついている。この二人は、ＤＮＡの分子モデルを考え出し、それを**視覚化**したことで、真の意味での作家もしくは芸術家となった。率直に言って、二人の成果は見事ではあるが他の分子モデルの研究のパイオニアたち、たとえばブラッグ親子、Ｊ・ケンドリュー、Ｍ・ペルツ、Ｍ・ウイルキンス、Ｌ・ポーリングらの業績と比べて、必ずしも高度なものとは言えない。むしろこの二人は、モデルを発見したことによって**自然の最高位の彫刻家**として、以降のわれわれに視覚化を強いるようになった。そして、

生命の究極の秘密を解く二十世紀版の探究に着火するという、無上の幸運を獲たのである。」（ゴチックによる強調は米本）

ケンプは、F・クリックの妻、オディル・クリック（Odile Crick）が『*Nature*』誌投稿用に描いた、史上初のDNAモデル図に、ほんらい不必要な中心軸が書き込まれている事実に着目する。「この軸は、視覚に訴える点では有用で、それは初期にはよくある要請であり、この物理モデルの構造的な必然性に由来するように思える。」

この時代はまだ、生体分子は、普通の活字で本文と同じように組まれており、いまから見るとひどく平板な印象のものばかりである。その中にあって、DNAの二重らせん図は、それまでの生化学とは異質の、生体分子の立体構造に関心を向けることを強いる、新しい生化学の時代の到来を告げるものであった。だからケンプは直感的に、ワトソンとクリックに対して〈自然の彫刻

第5－1図

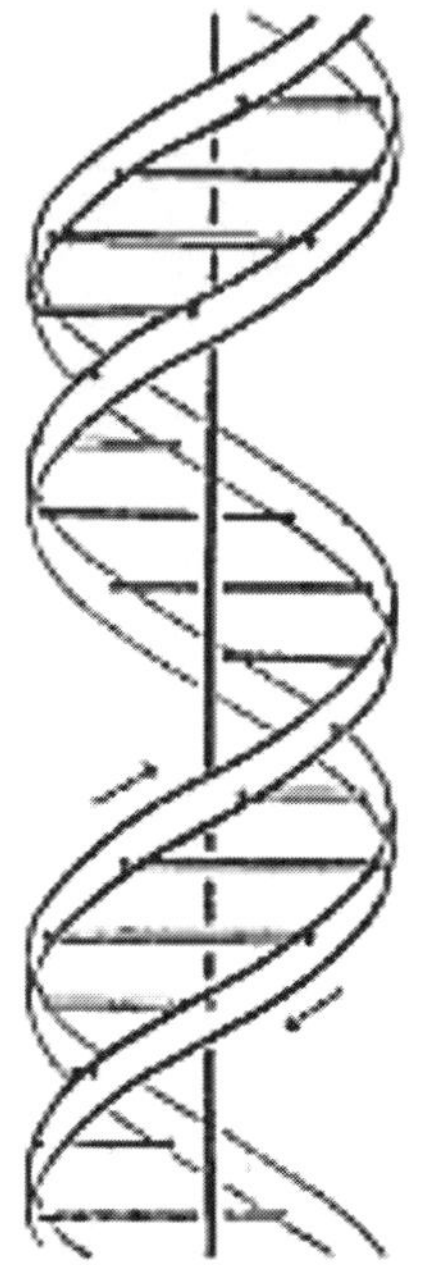

This figure is purely diagrammatic. The two ribbons symbolize the two phosphate—sugar chains, and the horizontal rods the pairs of bases holding the chains together. The vertical line marks the fibre axis

家〉という特別の称号を与えたのである。

不可視の、分子以上・細胞以下のメソネイチャーを、視覚的に表現しようと構想すること自体が、認識論の上での大転換である。そして、見えないものを図像化する作業には不可避的に思弁が大規模に動員されることになる。そこでは図像化への必要に迫られ、これを行なう者の自然哲学が生《なま》の形で反映されてしまう。

分子次元のメソネイチャーを図像で示そうとする努力が始まるのは、一九八〇年代に入ってである。これを先導したのが、先に熱力学第二法則で問題にした、ワトソンとアルベルツらによる教科書『細胞の分子生物学』（一九八三年）である。この過程を、認識論上の大きな転換として論じるのが、N・サーペンテ（Norberto Serpente）である。彼は、「肖像からシンボルとしての細胞へ　一九八〇年代における細胞生物学の分子化 Cells from icons to symbols: Molecularizing cell biology in the 1980s」(*Studies in History and Philosophy of Biological and Biomedical Sciences*, Vol.42, p.403~411, 2011）と、「教育的道具を越えて―『細胞の分子生物学』の三〇年 Beyond a pedagogical tool: 30 years of *Molecular Biology of the Cell*」（*Nature Reviews Molecular Cell Biology*, Vol.14, p.120~125, 2013）の二論文で、この問題を提示しながら、そのこと自体は好ましいものと見ている。最初の論文でサーペンテは、細胞生物学の教科書に掲載された図像を時系列で見ると、顕微鏡下での細胞の構造の説明図から、一九八〇年代には原子を色分けした分子構造の説明図へと変換したことにまず注目し、この過程を記号論の視点から論じている。重要なのは後者の論文である。これは、アルベルツらの『細胞の分子生物学』が、それまでの細胞生物学の教科書とは比べものにならないほど大量の、生体分子の説明図を掲載していることを指摘した上で、多様な分子の機能を図示するには多くの恣意的判断を強いられる事実を、重大な認識論的問題として抽出しているのだ。

「…まだ実験的には確定されていない細胞の機能について述べるときは、非常に慎重になってはいるが、『細胞の分子生物学』は当時の他の教科書群と比べて、多くの思弁を含むものであった。（中略）…ロベルツとラフ（Raff：この本の作図の担当者）は関係する領域の研究者と良好な関係をもっており、自分たちの著作を検証するのに多くの時間を割いた。そしてしばしば、鍵となる行なってほしい実験を彼らに示した。ラフは、こう生々しく語っている。〝われわれは、いかに何も分かっていないかを知って、ショックを受けた。容易に答えられるべきはずの基礎的な事項が、それまで一度も問われたことはなかったし、研究すらされたことはなかったのだ。そこでわれわれは専門家を問いただし、こう言った。（私は知らないが）あなたは、このたんぱく質の半減期を知っているのか。それを知らない理由をあなたは知らないのだ。あなたはその答えを見つけ得るのか。われわれが教科書を書くとき、そのことがたいへんに有用なのだ〟と。明確な図像を創出することは、細胞の機能を支える分子機構についてまともな物語を描くのにたいへん重要なのだ。」(p.122, 2013)。

さらにサーペンテは、最近の論文「細胞生物学の教科書における分子イメージの正当化

Justifying molecular images in cell biology textbooks」(*Studies in History and Philosophy of Biological and Biomedical Sciences*, Vol.55, p.105~116, 2016)で、図像化の恣意性に関するグッドセルによる自己批判に言及した上で、細胞生物学における概念の教育上の有効性というプラグマティックな理由から、分子の視覚化を擁護している。

細胞内分子の視覚化ではパイオニアであるD・グッドセル(David S. Goodsell)は、先駆者であるがゆえに、この危険に早くから敏感に反応してきた。彼は、先駆的な作品群を発表する一方で、美しすぎる自らの試みに、批判的な眼差しを向けるだけの知的誠実さをもっている。彼は四半世紀前の評論、「生きた細胞の内側 Inside a living cell」(*Trends in Biological Sciences*, Vol.16, p.203~206, 1991)においてこう述べている(第5-2図参照)。

「…〔細胞内の〕総合的な図像が少ない理由はいたって単純である。それを描くのに必要な情報は実験から得るのだが、これが唯一の像だと決める手段がないのである。電子顕微鏡の像はたいへん粗く、細胞内の構造を求めようにも、個々の分子までは見ることができない。また、X線解析と伝統的な生化学やその他の先端的な方法は、個々の分子の細部の研究としては非常に洗練されてはいるが、細胞内の環境についての情報は、試料を精製する過程で失われてしまう。細胞内の分子構造という中間的スケールの自然について、現実的な外観を組み立てるためには、たくさんの個別分子についてのパズル片をうまく合わせて、この二種類の先端的な情報から再構成しなくてはならない。」(p.203)

第５－２図　D. Goodsellの細胞内の図

邦訳書『生命のメカニズム』(裳華房、1994年）も参照のこと。

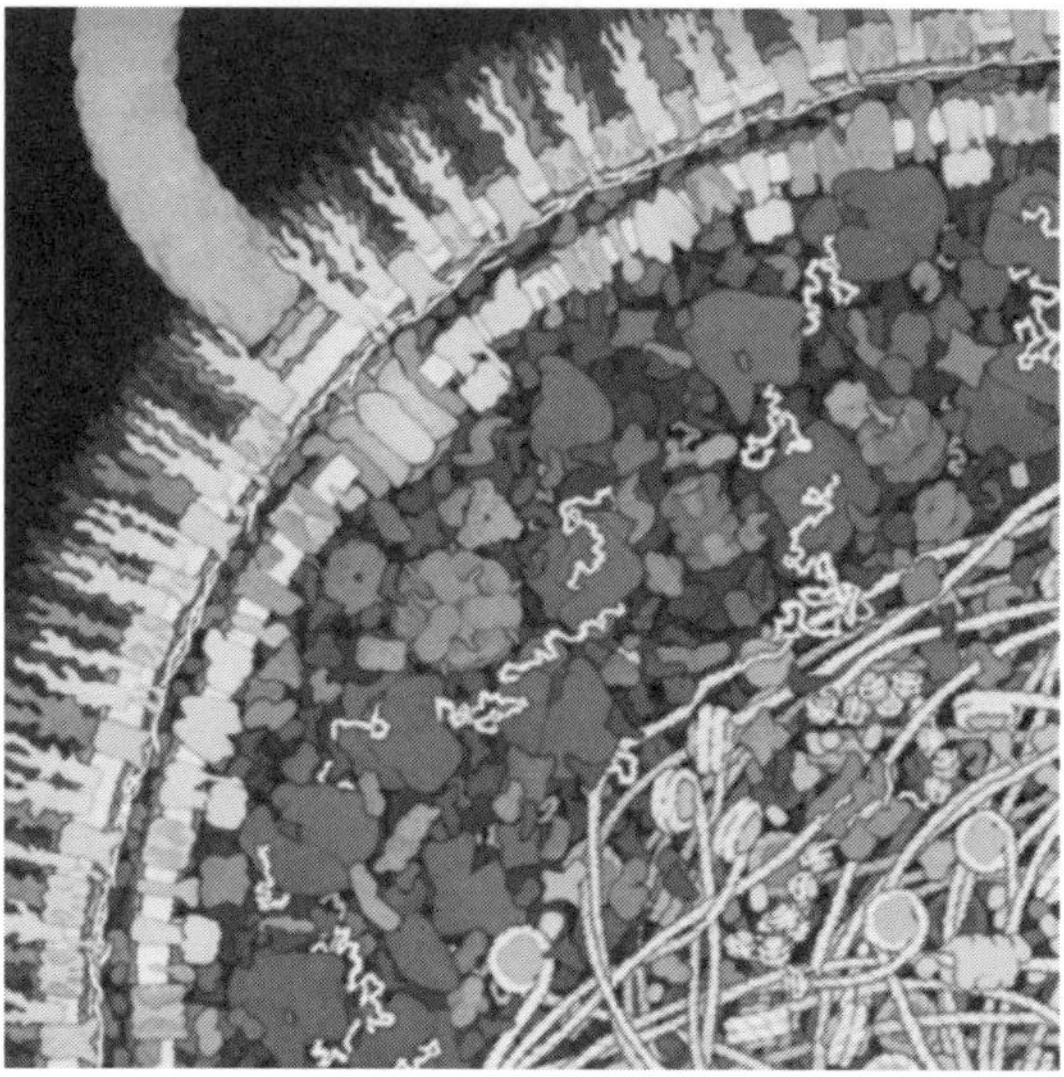

第５－３図　「マクスウェルの悪魔」の説明図の例

資料）A. Lerner, *Fundamentals of Cybernetics*, 1975.

「これらの描写は、濃密に詰まった分子が実際には常に動いているだから、ある瞬間のスナップショットである。これらの動きを直感的に知るには、たんぱく質の熱運動を巨視的世界の動きと比べてみることである。」(p.205〜206)

さらにグッドセルは、ジョンソンとの共著論文(David S. Goodsell & Graham T. Jonson)「ギャップを埋める　教育と啓蒙における技巧的権限 Filling in the Gaps: Arsistic License in Education and Outreach, *PLoS Biology*, Vol.5, Issue 12, e308, 2007」の中で、つぎのような批判的分析を行なっている。

「……先端的な分子イラストレイターであるガイス(Irving Geis)は、『サイエンティフィック・アメリカン』の依頼で、ミオグロビンとリソジムの画期的な絵を描いたが、その際、「選別された嘘 selective lying」が本質的であると断言している。たんぱく質分子は非常に複雑であり、基本的な分子構造を完璧に表わすための手法として、どう深みを与え、微妙な陰影をつけるかというトリックに、実質的には頼りきることになる。しかもその絵の中では、構造の一部が重なってしまうため、実情はさらに錯綜しており、その重なりを解消し、三次元的関係を鮮明にするために、正面や背後をいく分かずらしたりする。今日、科学イラストレイターは、挑戦的な課題に応じるために、たくさんの同業クリエイターを雇っている。こうして動員される技術は一般に、このギャップを埋め合わせるための選択的な露出や歪曲の技術として分類できる。

基本的な多くの場面で、このような技巧的権限(artistic license)は、既知の科学的内容と絵とのギャップを埋めるために頻繁に発動される。完璧な科学的筋書きが得られることなど絶対にないのだから、これらのクリエイターは、広く信頼に足る図像を創造する必要があり、欠けた部分を補い、それをどう形にするかに関して、たくさんのことを決めなければならない。その解決法は、既知の二つのたんぱく質の部分の間をただ点線で結んで示すことであったり、あるいは、美術的な演出で、暗い穴の周りに円盤を創作して付着させた複合体であったりする。

時には、情報を省略することの方が、さらに理解を促すこともある。科学における還元主義的アプローチと方法論上は似ているが、科学イラストレイターは、焦点となっている課題に注意を集めるために、特定のことを選択的に露出させたり、邪魔な情報はすべて削り、問題の単純化を図ったりもする。例えば、多くの分子イラストレイターは、精製された分子の構造学的データをもとに絵を描くのだが、それらは細胞内の正常な環境からは大きく離れた、しばしば孤立した分子の状態で研究された結果の記載である。実際に作成される絵は、それより自然状態に近いものと訴えるのだが、それでも細胞内環境の、ほとんどの分子は省略されている。多くの分子イラストレイターはたとえば、活性部位や、骨格や膜の特徴を強調するために、あるまとまった原子群だけを記載したりする。（中略）

技巧的権限は、われわれ自身が細胞のメソスケール（1×$10^{-6\sim-9}$mの次元）を描くとき、中心的な役割を果たすことになる。この次元の自然は、興味深い研究対象である。と言うのも、ほんらい経験的には不可視である細胞内の分子の絵は、細胞生物学の概念の理解と教育にとってその本質だからである。最近のこの種類の絵は、大小さまざまな規模のデータ、精製した分子の原子構造、濃密な濃度や位置における生化学的データ、顕微鏡による超構造のデータ、が総合されたものである必要がある。これは、膨大なデータに支えられた複雑な課題であるが、なおその多くに、未解明で想像すらされていない部分を含むから、これらの選択トリックの技術を総動員しなくてはならない。(中略)

その他の軽いトリックの多くは、これら複雑な図柄の包括的な質を向上させるために用いられる。単純な例では、すべての細部にとらわれるよりは、図像全体の中で視点を集中させる目的でそれらのトリックが用いられる。(恐らくヘモグロビンを除けば)彩色は、完全に恣意的なものであり、単に美学的な見栄えだけで選ばれている。よく見ると、それぞれの分子の向きは現実的ではないことが分かるはずである。たとえば、抗体はすべてページ平面に収まるように描かれている。」

この評論で、視覚化の問題点はほとんど言い尽くされている。

細胞内の分子的光景を図像化するという方向は、一見、生命科学の必然的発展のように見える。だが実際の作業は、本来見えないはずの分子をどう描くかであり、その大半はイラストレイターの直感と審美感に委ねられる。しかもそこでは、最大の存在である水分子は省略されてしまうし、そもそも原子や分子に色はない。だから、原子の種類ごとに浮き出た色を放つ美しい光景などあるはずがない。教育目的でのデフォルムをある程度認めたとしても、何のための図像化か、常に問い、恣意的要素を極力抑制すべきである。そうでないと、際限のない思弁に取り込まれていく。だが、このようなグッドセルの意見は少数派である。

実際、G・ジョンソンら（Graham T. Johnson & Samuel Hertig）による、「生体分子の構造データについての、視覚的分析とコミュニケーションのためのガイド A guide to the visual analysis and communication of biomolecular structural data」（*Nature Reviews Molecular Cell Biology*, Vol.15, p.690～698, 2014）という総説がある。ここでは、図像化の目的を、データ分析、専門家間のコミュニケーション、教育、一般の教化、の四つに分類して、それぞれの目的に合った視覚化ソフトを解説するのだが、そこには、生産される画像の科学的妥当性についての問題意識は恐ろしく希薄である。教育用の方便としての誇張を一定程度認めたとしても、細胞内の分子的光景のCG（コンピュータ・グラフィック）画像の大半は、科学的な真実を表現する手段としての規範を、完全に逸脱している。

第5－4図は、『*Science*』（二〇〇六年五月六日号）の表紙である。これは同じ号に掲載された論文の内容を、その投稿者とは独立にCG化して表紙に用いた例である。『*Science*』誌はこれまでに数回、このような表紙を作成しているが、ライバル誌である『*Nature*』誌はこのような人為的な図を表紙に用いることはない。細胞内の分子的光景の図像化で突出しているのが、『*Scientific American*』誌であるが、ここでは論じない。

第5-4図　『*Science*』(2006年5月6日号）の表紙

　最深度の科学評論からすると、現状は、科学教育と一般啓蒙のために分りやすくという情熱から、CG像が一方的に生産されている。そのCG像があまりに美し過ぎる一方で、その表現形態に対する科学的妥当性についての意識が希薄である。そのために「薄い機械論」に立って〈見てきたような嘘〉を描く行為を、科学界が広く追認する結果になってしまっている。このように過度に加工されたCG図が、堂々と一流紙『*Science*』の表紙を飾る現状は、やはり認識論的に異常な事態である。

　ただし、生命科学の最新の成果だとして提供されるこれらの図像群は、超現実的アートの域にまで達し、独自の地位を確立してきたのも事実である。今世紀に入ると、ハリウッドの映画産業やゲーム産業が開発したCG動画技術を流用して、生体分子の振る舞いを動画にする試みが出てきている。中でも傑作は、ハーバード大学のプログラム、「細胞の内側 Inner life of a cell」(www.xvivo.net/animation/the-inner-life-of-the-cell)である。ここまでくると、そのCG動画化のあまりの見事さに圧倒され、科学的認識論からの批判的検証は、未着手のままにある。

この動画を開発した、J・イワサ（Janet H. Iwasa）は、評論「モデル図像の動画化 Animating the model figure」(*Trends in Cell Biology*, Vol.20, p.699~704, 2010）において、生体分子の動画化は、細胞内の分子的世界について誤解を生む危険よりは、新しい科学的仮説への発見的効果の可能性として、はるかに有用であることを力説し、これを弁護している。

「動画を採用することは、研究者を、本質的に完全な物語を伝えることに関心をもたせる場面に立たせることがよくある。しかし、分子メカニズムの動的な図像モデルを創り、それを洗練させることは、研究の初期段階で重要な洞察を可能にするという役割を担うかも知れない。分子過程がまだ分かっていない段階においてすら、動的な三次元モデルを創作することは、新たに得られる情報を取り入れて、繰り返し作り直されることで、他の手段では達成困難な重要な洞察が得られる可能性がある。これらの動画が、そのメカニズムの表現について、合意されたモデルの動きについて必ずしも、専門の多数派のお墨付きもなく、研究仲間の間ですら一致しない、という点はたいへんに重要である。むしろこれらの映像化は、ある過程がどう起こるのかについての個々の仮説を示すためのものである。これらの仮説は、まだ実験的には支持されてはいない見解を含んでいる可能性があるし、その映像化は、これらの仮説がどのように研究され、実験でテストされるのが良いのかを、洞察をするための思考とコミュニケーションの道具として機能し得るものである。

研究者はしばしば、仮説モデルを動画で示すことは、事実からはかけ離れて、実験的な証拠のないのに、そのモデルが〈真実〉だと信じ込ませるバイアスのあるものを見せることになると心配する。動画の作成は、普通のモデル図像にはあまり含まれない細部の情報を常に必要とするし、動画のいくつかの側面では、単なる推測であるか部分的にしか認められない事実を、視覚的に伝えるのだがこれが難しい。しかしながら、曖昧さを伝えることを支援する方法もある。研究者の間で、いくつか競合するモデルがあるのなら、それぞれのモデルごとに動画を作れば、モデル間の違いを際立たせることができる。だが最終的には、実験事実によって支持されるモデルの次元にあわせて特定の表現をとる、研究者自身の判断にかかっている。それは、示されるモデルが単なる図であるか、洗練された三次元動画であるかに関わりなく、そうなのである。」(p.700~701)

繰り返しを厭わず強調しておくが、分子以上・細胞以下のメソネイチャーの自然は不可視である。そうである以上、その図像化という作業には本質的に矛盾が含まれており、これを行なう側の自然哲学が生の形で反映する。これが真理だという製作者の信念が視覚化されて表出する。だから認識論研究の格好の対象であり、そういう観点からハーバード大学の動画「細胞の内側」を検証すべきなのだ。実際、その動画は、虚空の中を、生体分子やオルガネラ（細胞小器官：organelle）やマイクロチューブル（微小管：microtubule）などが浮遊し、マイクロチューブルに沿ってダイニンたんぱく質が、まるで人が歩くように籠のようなものを運ぶ光景が展開する。全体は漠然と一方向に進んでいくのだが、それはわれわれの「汎ブラウン・ラチャット仮説」と同一線上を無意識に進んでいるように見える。細胞内の分子的世界を、ここまで美しい動画にして突きつけられると、それを真理と信じる人間は絶対に出てくる。しかし、それは大した問題ではない。認識論的議論を省略して動画化を強行すれば、このように虚構性が自ずと露わになるのだが、またそれは、「薄い機械論」の極端な楽観主義の裏返しである、奥底にある不安の反映でもある。

なぜ「ニュートン主義の罠」か

ここで重要な点は、「薄い機械論」が限界にきたのだから別の見立てに移行しようという事態には、絶対にならないことである。生命科学はあまりに長い間、生化学の圧勝状態について、哲学的反省と自己点検を行なってこなかった。そのために、別の見立てについて語るのに十分な下地は流失してしまっており、「薄い機械論」とこれをとり囲む自然哲学的な諸説との間に、全方位で深い断絶が存在する。遅ればせながら「薄い機械論」の検証に着手してみて、化学／生化学的実験法には、分子的存在の本性である熱運動を熱雑音として消去する作用が組み込まれていることがはっきりした。われわれは、熱運動相補性という〝大河〟を挟んで向こう岸に展開する有意味・熱運動系こそが生命であると考え、それを**©象限メソネイチャー**と命名した。**©象限メソネイチャー**は、現行の「薄い機械論」が拠って立つ物理的観測体系を〝すり抜けて〟しまう、物理的観測手段の体系とは「直交」する位置に展開する自然である。

その**©象限メソネイチャー**内部は、既存の物理・化学の法則と矛盾するのではなく、物理・化学が構造的（哲学的かつ方法論的）に黙殺し、視野から排除してきた、熱運動とその組み合わせが意味をもつ、未知の世界である。振り返れば、**©象限メソネイチャー**を探求するのに適合した方法論を用意してこなかった仕掛けが、「ニュートン主義の罠」そのものなのだ。

近現代の自然哲学はカント以来、ニュートン力学をモデルとしており、それをわれわれは、ニュートン主義と名づけた。ニュートン主義には不可避的に、分子の形態と種類の数、その組み合わせを著しく過小なものに見立ててしまう。そしてその延長線上に成立した統計熱力学は、重力抜きの運動法則を理想気体に適用した数学体系であった。自然哲学としては恐ろしく単純である。そして、物理・化学をもって生命を説明しようとした十九世紀機械論はむろん、これらの自然哲学的性癖をもつものであった。その直系である「薄い機械論」は、言葉の上では、生命は多様な分子の複雑な組み合わせである、というのを公式発言とするのだが、それが想定する多様性と複

第5-5図

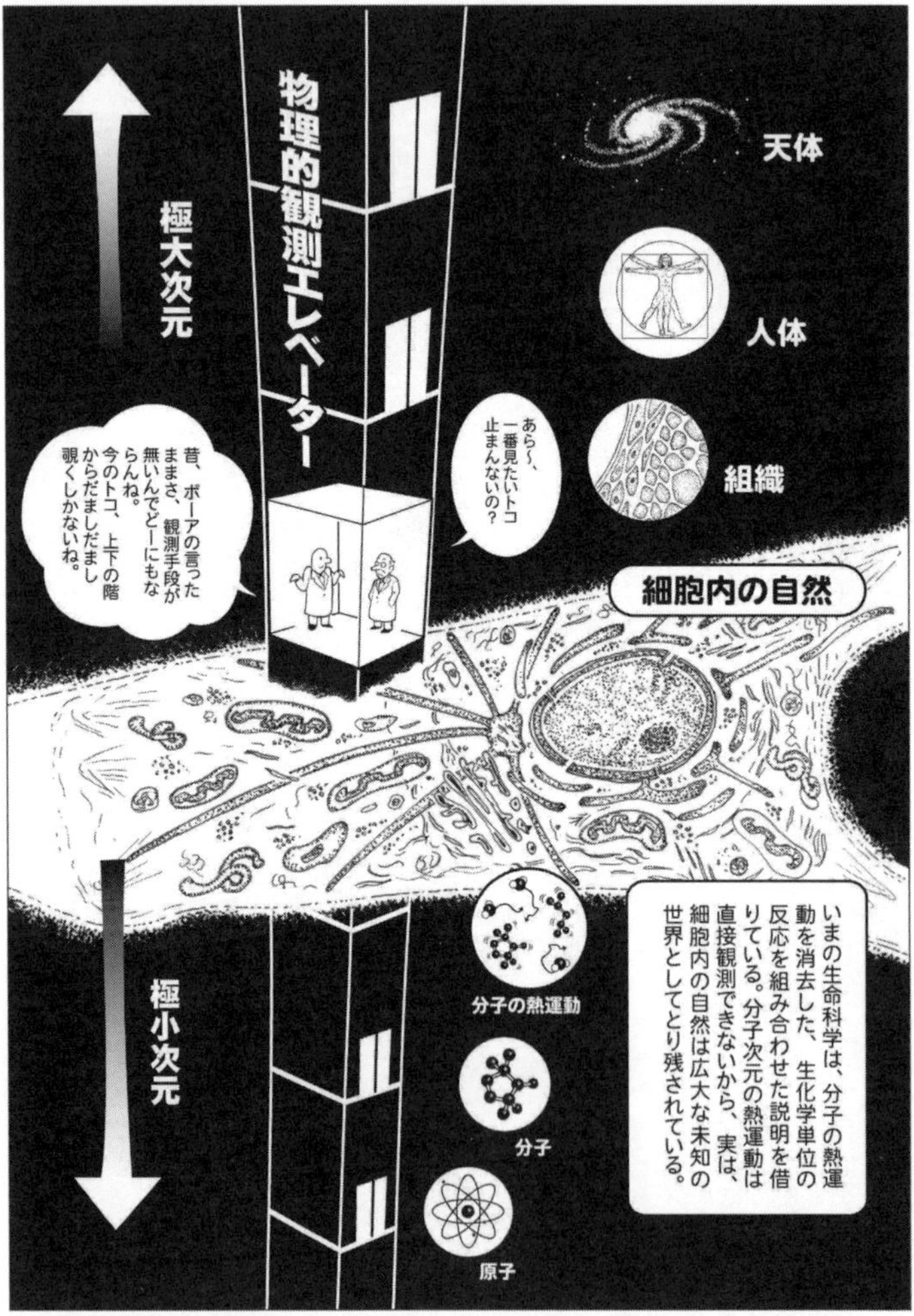

資料）©象限メソネイチャー『バイオエピステモロジー』P.268を再掲。

雑性の程度は極端に低い。それは十九世紀型機械論以来の弱点である。それを継承する現行の生命科学は、論文生産数では隆盛を極めてはいるが、哲学的には長期停滞下にある。

だからわれわれは、ニュートン主義からわが身を注意深く引き剥がし、慣れ親しんだ方法論全体を、脱いだ手袋を裏返しにするようにして、認識論的な点検を行なうべきなのだ。ニュートン主義的な発想を注意深く取り去り、われわれ自身も訓化されてきた近代科学思考には頼らない、もう一つの回路を探索してみる。©象限メソネイチャーには何らかの論理が貫いているに違いなく、それを察知し理論化することは可能であるという、無根拠ではあるが強い信念に立って、その方向に進路を採る。ともかく近代科学は、分子の扱いに関して小さくない欠落をかかえている。どこまで進めるかは、歩き出してみないとわからない。「思うに、どこまで行けるかを知る方法は一つしかありません。それは出発して歩くことです。」(アンリ・ベルクソン『精神のエネルギー』、平凡社ライブラリー、2012. p.12)。的《まと》は狙わないと的中しないのだ。

有意味・熱運動系とニウラディック性

つまり「ニュートン主義の罠」という概念には、©象限メソネイチャーが今日まで認知されてはこなかった、その理由が集約されている。既存の物理・化学が、分子の扱いを独占しているものと、われわれが勝手に思い込んでいただけなのだ。思い切り醒めた目で過去百年を検証してみると、既存の物理・化学は、広い意味での化学反応だけを取りあげ、分子というもう一つの存在形態である熱運動を抹消する体制だったのだ。しかも熱を説明する場面では、理想気体を理念的モデルとする統計熱力学しか用意できておらず、それが結果的に熱運動の研究の自由度を封じてきたのだ。「ニュートン主義の罠」には、統計熱力学の数学的論理の美しさに魅せられ、その美しさゆえに世界の基本的記述だと信じ込んだ、十九世紀自然哲学の偏見が含まれている。他方で、**©象限メソネイチャー**を有意味・熱運動系と特徴づけただけでは展望は開けない。そこで、**©象限メソネイチャー**を別の角度から見たときに本性としてたち現われてくるニウラディック性（結果合目的性）について論じておく。

分子生物学が解き放った分子次元の生命が帯びる合目的性についての論考が、一九七〇年前後にいくつか現われた。だが、この段階で視野に入った合目的性は断片的なものであり、議論もそこにとどまった。だが、「薄い機械論」をとり囲む自然哲学的光景と照らし合わせてたどり着いた、**©象限メソネイチャー**仮説の基盤には、これまでは議論をしたことがない、深遠な合目的性が、幾重にも充満している、そういう自然である。それは、既存の自然認識のあり方は知的片肺飛行であったという、冷徹な事実をつきつけてくる。

この本では〝合目的性〟という言葉を使わない。なぜなら、これまでの合目的性の議論は、その形態や視野の広がりから見て、人間が想定し得る範疇から完全には逃れられておらず、人間中心主義（anthropocentrism）にからめとられているからである。ここで目的論と聞いて、アリストテレスの古典やW・ペイリー（William Paley: 1743~1805）の『自然神学 *Natural Theology*』

（一八〇二年）を挙げることは、西欧型の旧世界へ引き戻されることでしかない。合目的性の議論から人間中心主義の悪弊を取り去るには、論点を、唯一科学的と認められている自然選択説と、合目的性の関係一点に絞り、そこを起点にすることである。

簡単に言うと、生命の合目的性はダーウィンの自然選択説によってはじめて科学的・因果論的に説明された、というのが現在の公式見解である。これは完全に認めよう。だがこれまでは、自然選択説の論証と、その教化と啓蒙にばかり、知的エネルギーが注がれてきた。それは主として、人格神による創造説が影響力をもってきた欧米の歴史的事情にある。キリスト教圏の外にある者は、自然選択説の啓蒙の立場に縛られなくても良いはずなのだ。進化論啓蒙へ縛りつけようとする足枷がないのなら、自然選択説は原理的学説であるがゆえに、その逆解釈の活用を考える方向に進むべきである。現行の進化論の逆表現とはこういうことである。もし生命に合目的性が認められれば、「それはダーウィン進化論によって説明される」と定型的・形式的に応える立場に立ち、生命の合目的性にのみ焦点を合わせた認識体系に賭けることが、選択肢としてなお残されているのだ。生命は三八億年の進化の結果として、あらゆる次元あらゆる方向に合目的性（結果合目的性）が集積した自然であり、そのような論理が貫いていると信じきることである。

このような生命の特性を、合目的性という表現で考察を進めていこうとすると、やはり恣意性が混入する恐れがある。そこで合目的性に替わる概念として、ニウラディック（注—Darwin の逆つづり Niwrad に ic をつけた Niwradic）を用いることにする。ニウラディズムとは、任意の合目的はダーウィン原理によってもたらされたと常に形式的・定型的に答える、生命の合目的性にのみ焦点を合わせて探求する立場である。ニウラディズムは、もっぱら生命を、進化の結果としての合目的的存在という観点から凝視する。少なくともそれは、生命科学研究の場で発見的(heuristic)な示唆をもたらすはずである。

かつて、進化学者のドブジャンスキー(Theodosius Dobzhansky: 1900〜1975)は、「進化の光の下でなければ生物学は意味をもたない Nothing in biology makes sense except in the light of evolution」(*The American Biology Teacher,* Vol.35, p.125〜129, 1973)の中でこう言明した。「進化の光の下では、生物学は恐らく知的にもっとも満足できる刺激的な学問である。この光が無ければ、その一部は興味深く奇妙なものではあるとしても、全体としては意味のない、空しい事実の山と化す」。©**象限メソネイチャー**仮説は、このドブジャンスキーと完全に同一の自然観に立った上にさらに、その内部は論理的にニウラディズム性が貫徹していると仮定し、それに賭けるのである。

©**象限メソネイチャー**とは、全方位にニウラディズム性が貫徹する自然である。生命は少なくとも三八億年の進化の産物であり、そのニウラディズム性を純化し抽象化していけば、この自然固有の論理で貫かれた概念体系が出現するという、楽観主義がそこにはある。ボーアはこの位置でパラドックスを待ち受けるべきだった。

メソネイチャーが分子次元(もしくは分子以上・細胞以下)の自然である点に、とくに注意すべきである。と言うのも、分子を専権的に扱ってきた物理・化学にとって、分子はもっぱら熱力学の対象であったからである。そこでは、分子はランダムな熱運動をするものという仮定以外には何もない。未知の自然には安全をとってあまねく、天体と同質の無機的なものを仮定する態度こそが、ここで言うニュートン主義である。©**象限メソネイチャー**仮説はこれとはまったく逆で、分子次元の自然は、深遠で無窮のニウラディック性（結果合目的性）を帯びている。ただ、ここで重要なことは、三八億年より以前に、抗・熱力学第二法則性を実現させる特殊解をみつけた始原生物が登場したこと、つまり生命の発生仮説が絶対不可欠であることである。地球上ではまず、化学進化が進んで多様な分子が生成し、原始的な水溶液が生まれたはずである。分子次元では激しく繰り返し攪拌され、その産物が長い間に蓄積され、必然的に、抗・熱力学第二法則実現の特殊解を実現する、分子の組み合わせとその濃度を維持する細胞膜で包まれた始原生物が現われたはずである。この仮説なしには、©**象限メソネイチャー**論は一切始まらない。

自然選択説の教化・啓蒙の枠の上にある代表的な研究者が、ドーキンス（Clinton R. Dawkins: 1941〜）である。彼は、『盲目の時計職人 *The Blind Watchmaker*』（一九八六年）を著し、自然選択説の教化・啓蒙を使徒的情熱で行なうのだが、そのまえがきでこう言っている。「ダーウィン主義が信じられにくいように見えるもう一つの理由は、われわれの脳が、進化的変化を特徴づけているものとは完全に異なった時間スケールで起きる出来事を扱うようにできていることにある。」(p.xix)

ドーキンスは、人間が進化を理解しようとしたとき、人間の時間感覚と進化的時間のスケールが極端に異なっており、これが自然選択説を理解しにくくしているという重要な指摘を、進化の啓蒙書の冒頭で行なっている。これを逆に見れば、人間にとって異次元の時間で進行する進化について、人間の側が理解可能な説明原理としてダーウィンが辛うじて探り当てたものが自然選択説であることを意味している。つまり自然選択説の意義は、その迫真性とは無関係に、人間が科学的と思える理解の回路を獲得したところにある。そして、いったん進化が科学的に説明し得ると確信できたのであれば、進化要因論の細部は脇に置いて、現在の宇宙論でされているのと同じ様に、生命進化そのものについて理性に従って考察を深めていくべきである。それは科学的推論でもあり、自然観でもある次元の議論である。

厳格な自然選択説を教化・啓蒙する枠組みから自らを解き放ち、生命進化について理性的かつ自由に探究しようとする態度は、宇宙生物学（astrobiology）の領域では数十年前から採られている。すでに触れたが、ＮＡＳＡ（アメリカ航空宇宙局）は、地球外生命の探査のために、生命の概念を明確化する必要にせまられ、生命のもっとも簡潔な定義として、「ダーウィン型の進化の能力をもつ化学システム」という表現を提示した。

一見して明らかだが、これは、生化学の圧勝状態が反映した「薄い機械論」自然哲学そのものである。そして、©**象限メソネイチャー**仮説からすると、決別しなくてはならない、たとえば次のような一文がある。

「地球上の生命の特徴のいくつかは、ほぼ確実に普遍的なものである。とくに、熱力学的非平衡の要請（requirement for thermodynamic disequilibrium）は、議論の余地なく生命の要件として、物理学的・化学的な理解のなかに非常に深く根をおろしている。他の基準は絶対的なものではない。」(p.8)

生命の特性に熱力学的非平衡を挙げるのは、熱力学的自然観が普遍的であるとする偏見から、生命を外側から眺め、その印象を語っているのに過ぎない。生物探査という目的であっても、これで生物の存在が確認できるはずはない。これに対して©**象限メソネイチャー**仮説は、生命を、熱運動浮遊の状態にある分子の組み合わせが、激しい繰り返しの拡散運動の末に、抗・熱力学第二法則性を達成したものと考える。「薄い機械論」と©**象限メソネイチャー**とは、比喩的に言えば対偶的な位置関係にある。前者が後者に接近して、その内に満ちている多様な熱運動構造とその集積としての生命を、考察するきっかけは一切ない。

©**象限メソネイチャー**仮説から見て、このＮＡＳＡ報告でたった一つ重要なことは、ダーウィン進化論というものが、厳格な自然選択説の受容を強いる枠組みから解放され、生命進化一般を考察する作業を下側から支える、自然哲学次元の基本理論にまで引き下がっていることである。ＮＡＳＡの研究目的である、地球外惑星における生命の発見や、生命の起源研究には不可避のものとして、ダーウィン進化論を普遍概念として活用することを、科学的態度として大々的に認めたことである。このダーウィン進化理論の普遍化は、論理的にあらゆる次元に拡張されるべきなのだ。そしてその延長線上に、Ⓒ象限メソネイチャー仮説は位置するのであり、その内部は無窮のニウラディック性が貫徹している。その無窮のニウラディック性とは、人間が想像するような進化による合目的性を幾層倍も凌駕するものである。

希望としての「薄い機械論」の脱構築

「薄い機械論」しか、ほとんど知らないわれわれが、Ⓒ象限メソネイチャーの絶対的な異質性に接近するには、それ以前に、「薄い機械論」が提供してきた生命の解釈を解体し、そこから離脱する必要がある。そして、この作業もまたDNAから始めるのがよいだろう。

分子生物学の揺籃期に、分子生物学者はDNA二重らせん構造の完全性に打たれ、「DNA＝遺伝現象の分子的実体」と直感した。実際、ワトソンの『遺伝子の分子生物学』（一九六五年）にはこうある。

「最近まで常に、遺伝は生命のもっとも神秘的な特徴と思われてきた。だが最近、DNA構造の発見によって、そのすべての現象が実際に分子レベルで理解可能になった事実はきわめて重要である。たんぱく質の構造を理解するのに、化学法則だけで十分であるだけではなく、それは既知のすべての遺伝現象と合致する。いまや、すべての生化学者は完全にこう確信している、生きている生物の他の特徴（たとえば、細胞膜の選択的な透過性、筋肉収縮、神経伝達、さらには聴覚や記憶の過程）はすべて、大小の分子の調整のとれた相互反応の言葉で完全に理解することが

できると。」(p.67)

分子生物学のパイオニアによる、自信に満ちた印象的な生命観の開陳である。だが冥界対話を介して過去百年を俯瞰するドローン的視点を獲得したわれわれは、半世紀前の初期分子生物学の生命観についてその時代的性格を、正確に語ることができるはずである。

論ずべきは、生命科学の研究の進展に必然的に伴う生命像の転換である。

分子生物学のパイオニアたちは、DNA分子の相補的構造を見て、これこそ遺伝現象の分子的対応物だと信じた。DNAの二重らせん構造は、誰もが予想すらしなかった、意外性と神々しさに満ちていた。自然科学者は、単純で美しいものを真理だと信じる傾向がある。だから「DNA＝遺伝の分子的実体」と直感したのも当然であった。そしてここを基点に、一九六〇年代前半までに、DNAの自己複製と、その塩基配列がDNA→RNA→たんぱく質へと一方向に流れるとするセントラルドグマが確立された。これこそが遺伝現象の分子的対応物であり、生命の核心的な謎の一つは分子的次元で解明されたと考えた。生化学的手段を動員すれば、もう後は一瀉千里であるとする全能感であり、それがいま引用したワトソンの『遺伝子の分子生物学』にある言葉である。事実このワトソンの本では、その初版から最新版に至るまで、第一章でメンデル遺伝学を説明し、第二章以降はDNA分子から順に記述していく構成になっている。この論理的な組立ては、明言こそしていないものの、読む側に、DNA＝遺伝物質という解釈を強く印象づける結果になっている。こうして、一九六〇年代～七〇年頃までは、「DNAは生命の設計図」という比喩は限りなく真実に近いものと受け取られた。

一九九〇年に人間の全ゲノムを解読しようとするヒトゲノム計画が始まった時、そこには人間の本性を暴くことになるかもしれないという、不可侵のものを犯すような忌避感がなお少し漂っていた。しかし二十世紀末にヒトゲノム計画の副産物としてＤＮＡの自動解読装置（シーケンサー）が商品化され、ヒト以外のさまざまな高等生物にもこれを用いてゲノムを解読してみると、「ＤＮＡは生命の設計図」という静的な比喩は生命の実体を反映していないことが、より明確になった。

四六億年前に地球が生まれ、三八億年前に生命が生まれたが、一二億年前に細胞内に核をもち、ここにＤＮＡを集中させて管理する真核生物が現われるまでは、ＤＮＡが細胞中に裸のまま浮いている細菌（Bacteria）と古細菌（Archaea）の二つの型の生物しかいなかった。そして研究が進むと、遺伝子発現の調節様式が、原核生物と真核生物では異なっていることが判明した。早くも七〇年代初期には、真核生物では、たんぱく質を決めるＤＮＡ配列の中に、なぜかイントロンと呼ばれる使用しない部分があることが判明した。真核生物では、メッセンジャーＲＮＡはいったんＤＮＡ配列をすべて読みとった後、そこからイントロンを切り捨てる（スプライシング）という仕組みになっている。

二十一世紀になってより明確になったのは、高等生物のゲノムでは、たんぱく質をコードするのはそのほんの一部であり、ゲノム配列の大半は、必要な時に必要なさまざまな長さのＲＮＡに読まれて、たんぱく質発現を多様な形で調節しているらしいのである。

初期分子生物学は、たんぱく質のアミノ酸配列を決めるDNA配列と、その読み出し機能部分を遺伝子の分子的対応物と考え、「構造遺伝子 structural gene」と名づけた。ところがゲノム解読が進み、さらにそのゲノム全体が実際どう読まれているかが明らかになると、こういう見方は崩れてきた。たとえば、ENCODEという国際協力ゲノム解読研究の結果、人間のゲノムでは、その一・八パーセント程度が狭義のたんぱく質構造を決めるのだが、ゲノム全体の八〇パーセントがなんらかの機能を担っていることが判明した（*Nature*, Vol.489, p.46~48, 2012）。細胞中には、たんぱく質には翻訳されない非コードRNA（non-coding RNA）がたくさん読み出されており、たとえばこの時点で二〇〇塩基以下の短いRNAが八八〇〇種類、二〇〇塩基以上の長いRNAが九六〇〇種類も確認された（*Science*, Vol.337, p.1159~1161, 2012）。そしてそれらは、たんぱく質の発現で実に多様な調節機能を担っていることが明らかになってきた（たとえば、J. M. Engreits, 他：Long non-coding RNAs, *Nature Reviews Molecular Cell Biology*, Vol.17, p.756~770, 2016）。

原核生物のDNAの場合、こういう側面は見えにくいのだが、現在の成果を比喩的に表わすとこうなる。核内に封じ込められている真核生物のDNAは、細胞という流動状のパソコンが、必要な時に必要な情報を取り出す「USBメモリー」に似た地位のものとなる。ここから必要な時に必要な情報として取り出されるのはRNA分子としてであり、たんぱく質をコードしない多様な非コードRNAは、まだ解明されていない多様で多段階の仕組みで、たんぱく質の発現を調節

第5-6図　ゲノム中のたんぱく非コード領域の割合

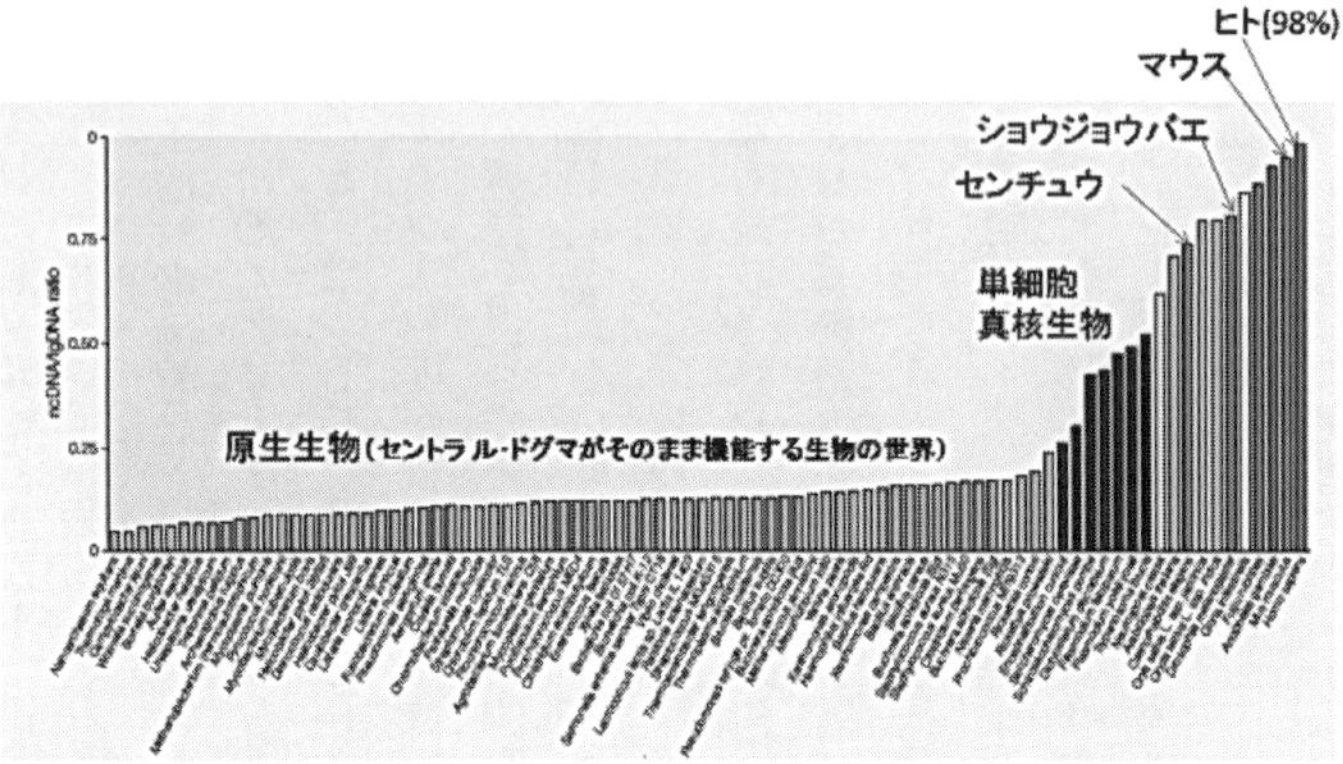

資料）J. Mattick: *Nature Reviews Genetics*, Vol.5, p.317, 2004.

第5-7図　遺伝子発現の調節システムの進化

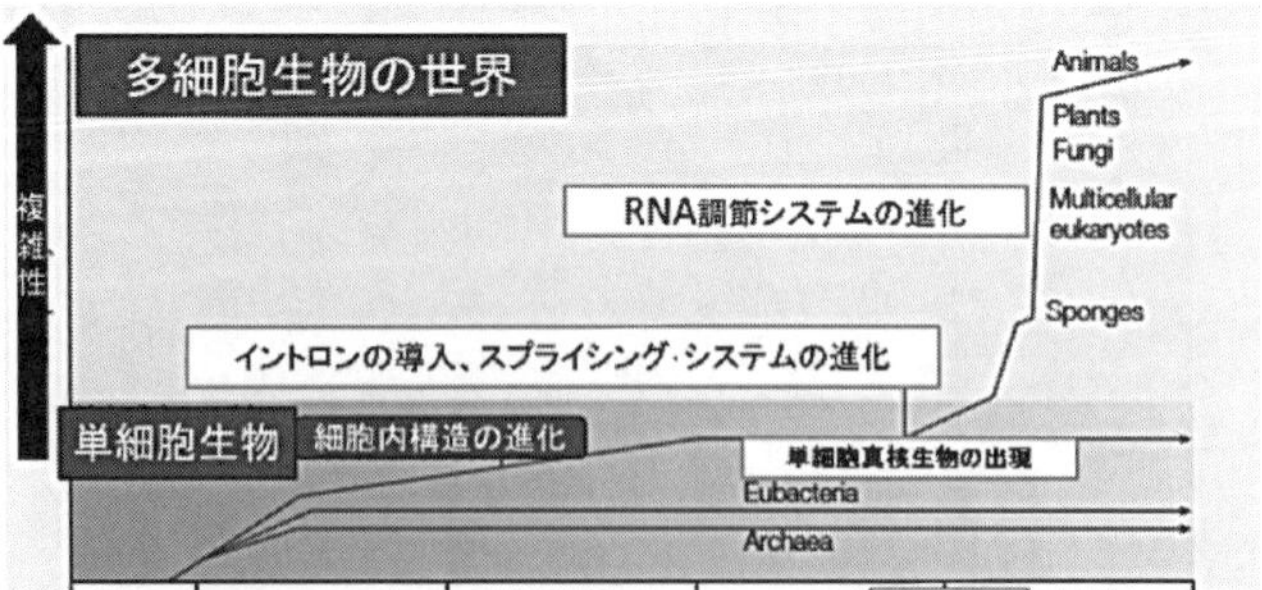

資料）J. Mattick: *Nature Reviews Genetics,* Vol.5, p.319, 2004.

第5－8図　長い非コードRNAの機能例

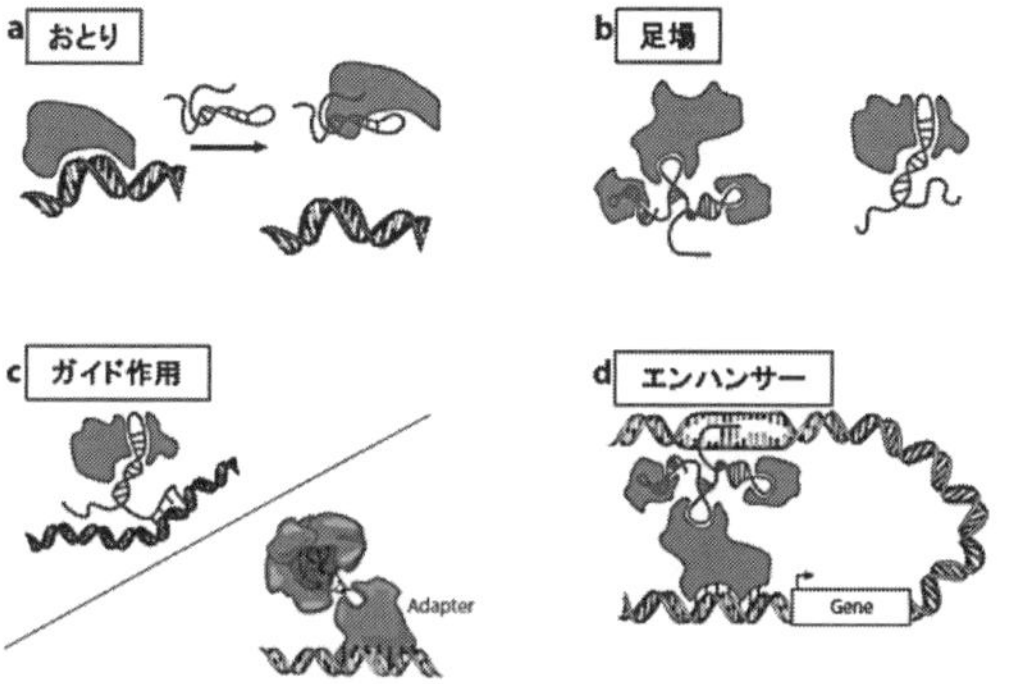

資料）J. Rinn & H. Chang: *Annual Reviews of Biochemistry*, Vol.81, p,156, 2012.

していいるらしい。こうして生命科学は、ゲノム配列の全体が、どのように細胞分化を引き起こし、それを維持し、発生を誘導し、場合によっては次世代にまで影響を及ぼすのかという課題、いわゆる「エピジェネティクス」という側面の解明に向かっている。エピジェネティクスとは、一定であるゲノム配列が、細胞レベルの多様な表現型をどう実現させているのか、を問うことである。二十世紀までは、ＤＮＡ中心の問題設定であったのに対して、二十一世紀に入ると、細胞全体のダイナミズムと発生過程での転轍機機能の探究へと流れが変わってきている。

　振り返ると、初期分子生物学は、大腸菌とこれに感染するウイルス（Ｔ系ファージ）をモデル生物と見なし、これを駆使してセントラルドグマの図式を確立した。だがそれは、ＤＮＡメモリーの読出し機能に相当する部分でしかなかったのであ

第５－９図　DNA＝USBメモリーの図

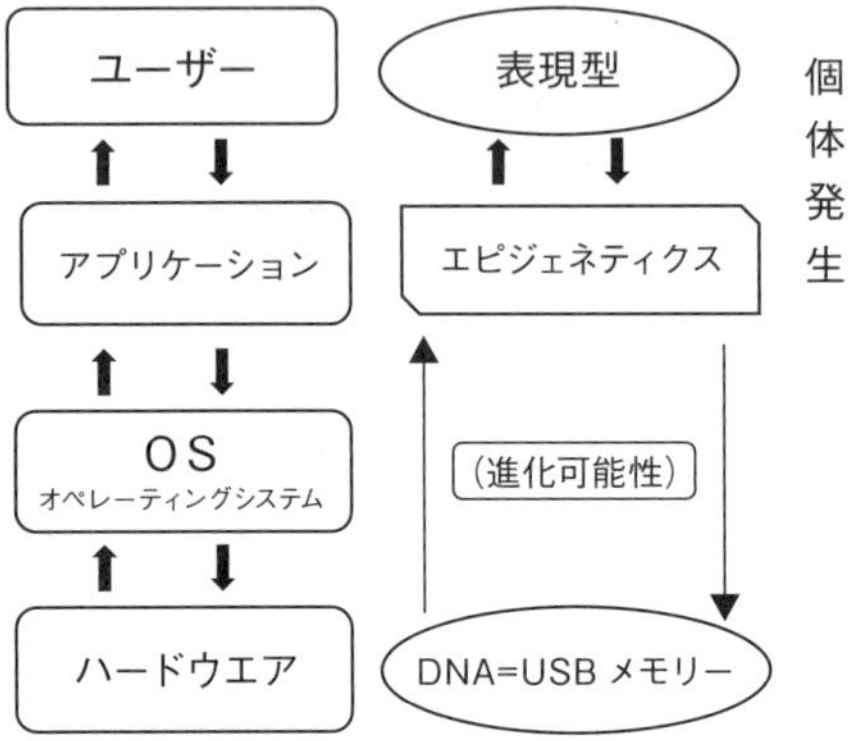

り、これを遺伝現象の分子的実体と見たのは、とくに真核生物の場合、早飲み込みだったのだ。

分子次元での遺伝子概念が行方不明になっただけではない。生命科学はいま、ＤＮＡ分子に遺伝の原因すべてを投影する、分子遺伝学（molecular genetics）による一元論的な解釈からは離脱し、それ以前の遺伝概念（heredity）の視点にまで立ち戻ろうとしている。遺伝とは、単細胞生物か多細胞生物かを問わず、世代間で個体の形質が極度に安定した形で継承される現象と見なされるようになった。ＤＮＡ＝ＵＳＢメモリー説に立つと、ＤＮＡはメモリー機能を担うハードウエアの一部であり、それを運用するＯＳ（オペレーティングシステム）やアプリケーションは細胞質の側に埋め込まれていることになる。

この比喩をさらに進めると、多細胞生物における細胞分化は、これらのソフトウエアが内包されたプログラムに従って機能することであり、この限りにおいて、

DNAによってすべてが規定されているように見えなくもない。だがかりに、これらのソフトウエア自身も変化し、それが細胞分化の機能のうちに組み込まれているのであれば、これもエピジェネティクス機能を担っていることになる。このソフトウエアの組み換えが、細胞分化に伴うものであればワイズマン学説に似た、一世代かぎりの一般的なエピジェネティクスである。だが、次世代に伝達し得るアプリケーションなどの変更もあり得るはずで、これがエピジェネティックな遺伝となる。もし、OSという基本ソフトで変更が起こったとすれば、それは進化の次元での表現型に変化を引き起こすはずで、進化可能性（evolvability）という概念に接近してくる。

誤解を恐れず言えば、DNAメモリーというハードウエアを活用するのは、**©象限メソネイチャー**＝細胞という〝疑似主体〟である。山中伸弥（1962〜）が発見した4種の遺伝子セット（ヤマナカ・カクテル）は、分化が進んだ細胞からソフトウエアを書き換えて（リプログラミングして）発生初期の状態に戻すものだが、その仕組みは未解明のままである。

DNA＝遺伝物質という解釈づけは、**©象限メソネイチャー**内ではもっとも静的な分子メモリーに、生命現象の一切の原因を投影させる、十九世紀的な素朴な因果論的態度である。

終章　立ち現われた認識論的課題

最後に、百年冥界対話という手続きを実際に経ることによって立ち現われてきた問題、とくに認識論次元の課題を整理して、この長い議論を終ろうと思う。それはまた、『時間と生命』、『バイオエピステモロジー』、『ニュートン主義の罠――バイオエピステモロジーII』と書き進めてきた三冊のあちこち散らばっている問題点を再考することでもある。

「ニュートン主義の罠」という表現の妥当性

そもそもこの出発点は、初期の分子生物学者が、なぜかくも情熱的に「生命は物理・化学で説明できる」と断言するのか、まったく理解できなかったところにある。結局、半世紀間、私はこの問題と格闘することになったのだが、その結論はと言えば、生命を分子の振る舞いとして説明しようとする構想は、十九世紀ドイツの力学主義（Mechanismus、日本語訳は機械論）に水源があり、「機械論vs生気論」という二項対立もこの時に定番化した概念の型であり、初期分子生物学者は無意識にこれを踏襲したのだ、という結論に私は到達した。

十九世紀機械論の問題点の一つは、二十世紀初頭までは分子は剛体の球形微粒子で近似できると信じられていたことであり、その理由は、ニュートン力学は普遍的に適用できると考えられたからである。その知的結晶がマクスウエル＝ボルツマンの統計熱力学であり、この最新の力学理論の成果を生命に適用してみた結果、無機世界と生命現象との境界線が熱力学第二法則にあると論じたのがH・ドリーシュであった。ドリーシュは、狭義の熱力学第二法則に添えて、ここには「万物は拡散する」という法則があると指摘し、これに抗して秩序供給を担う自然因子であるエンテレヒーを仮定することを提案した。

ここには、二つの型のニュートン主義の罠が横たわっている。一つは、原子／分子を剛体の球形微粒子で代置することに疑問を抱かない態度、もう一つは、自然の一切を「物質&力」、もしくは「物質&エネルギー」の二項思考で考える態度から離れない性向である。

ただしここにさらに加えておくべきは、生命をニュートン力学で直接説明するのは無理なので、力の保存則のイメージから、同じ質量の球体が衝突するような因果的説明を科学的と考える態度が、十九世紀ドイツで浸透したことである。そしてその裏側には、目的論は非科学と見なす、西欧近代の啓蒙主義以降に生まれた、目的論に対する根強い嫌悪感があった。

ニュートン力学を自然科学の究極のモデルとする十七世紀末以来の自然哲学が生物学に向けられた時、ニュートン主義に由来する罠は、根深く広くなったのである。

自然科学の瑕疵問題としての熱運動嫌悪症

おそらくこの本のもっとも重要な指摘の一つは、現行の無機科学が、分子存在の本性である熱運動を系統的に抹消する体制であるのを、正面から論じていることであろう。自然科学は、大自然の連鎖のどこかに弱点を見つけ、そこを基点に内部に切り込んでいき、自然原理を明らかにしてきた。それが近代科学の狡知であり、有力な研究法を徹底的に駆使するのだが、その一方で、方法論的弱点は最小にするよう知恵を絞って成果をあげてきた。

過去二百年の化学の発展過程では、対象とする分子を純粋物質として抽出し、試験管の中でその化学的反応を分析してきた。ただしそこでは、分子の振動や回転などの熱運動は、化学反応のエネルギー水準と比べると極度に小さく、省略すべきものと考えられ、そう扱ってきた。そもそも、個々の分子の熱運動を測定することは事実上不可能であり、熱運動とは正面から出会わないよう、熱運動が相殺されるような視角を選んで課題を設定し、概念化を行なってきた。

このような手法を徹底して自然に迫るのが化学の伝統であり、こうして自然科学の論文や著書からは分子の熱運動はすべて捨象され、結果として分子は静止し静寂のなかに置かれることになった。しかし、分子存在の本性である熱運動が無くなるのは絶対0度なのだから、方法論を含めたこの概念操作を「便宜的絶対0度」と呼んだのである。この概念操作を正当化するため、現行の自然哲学では熱運動は無意味なものであると力説し、考察対象からは外されてきた。それをここでは熱運動嫌悪症（thermophobia）と名づけ、現行の自然科学が抱える重大な瑕疵と見なすのである。熱運動を視界から外そうとする姿勢はまた、地球上の生命系では中心的な熱媒体である水の存在を、在れども見えないことにする「黒子」の位置に押し込めている。いまの自然科学は、熱運動嫌悪症ばかりか水嫌悪症（hydrophobia）も併発させているのだ。要するにわれわれは、「熱運動の無視」という信じられないほど大きな認識論的欠陥のなかにいることになる。

生物学的相補性と熱運動相補性

N・ボーアは、量子力学における観測問題になぞらえて、生命を研究しようとすればこれを殺さざるを得ず、そうなれば生命ではなくなるとして、生物学的相補性を指摘し、生物研究の本質的な難しさを訴えた。では生物学的相補性と、個別分子の熱運動は観測困難である熱運動相補性とはどのような関係にあるのか。これは**©象限メソネイチャー**の本性と深く関わる問いだが、結局、生物学的相補性は限りなく熱運動相補性に接近してくる。

後述するように、**©象限メソネイチャー**とは、熱運動が中心的な要素の一つの位置を占める、分子以上・細胞以下のメソネイチャー次元の自然が、化学進化という長大な時間の中で、分子の組み合わせとして抗・熱力学第二法則性を獲得した系と考えられる。**©象限メソネイチャー**内部は、複雑な生体分子が混雑状態にあり、それぞれが固有の熱運動構造を持ちながら水という熱媒体の中で刻々と反応し、状態を変化させている。

伝統的な無機科学において熱運動は、エントロピー拡大そのものであり、無秩序・無意味に向かう無意味化の過程である。これに対して©**象限メソネイチャー**内部は、分子振動など熱運動が一定程度の意味を帯びる自然であると想定されている。だとすれば、熱運動相補性と生物学的相補性はきわめて近い存在である。

熱力学第二法則＝不破原則という機械論の強迫観念

©**象限メソネイチャー**は、抗・熱力学第二法則性を獲得した分子系であるとするその定義によって、熱力学第二法則が当てはまらない自然である。なぜこんな仮定が許されるのか。それは、©**象限メソネイチャー**内部が熱力学の理論が基本に置く理論モデルとは似ても似つかない自然であり、熱力学を適用するのは不適、とする単純明快な理由からである。ボルツマンは、統計熱力学を組み立てるのに、剛体の球形微粒子で代置される気体分子が、何もない空間を飛び回る理想的状態を仮定した。だから、ここにニュートン力学を適用することには、誰も疑義を挟まなかったのだ。一方、細胞内は水という溶媒の中に、複雑で多様な生体分子が混雑状態に詰まっているのだ。

エントロピー拡大則の至高性という考え方は、十九世紀末に完成した熱力学的世界像を無限に拡大したものであり、十九世紀的な偏見と言って良い。熱力学第二法則の不破原則を生命の全域に該当させようとする衝動は、ドリーシュが二十世紀初頭に機械論の可能性を吟味し、問題点が熱力学第二法則にあることを突きとめた果てに、機械論の不可能性を主張して新生気論(Neovitalismus)を唱導したことに対する、正統派からの強い拒絶反応が広まり形となったものである。むろん、ドリーシュも時代の申し子であったから、「物質&エネルギー」の二項で自然は解釈できると信じ、その上で生命に秩序を供給する第三の自然因子としてエンテレヒー仮説を提案した。そして正統派機械論者は、ドリーシュが完全に忘れ去られた今になってもなお、生命科学の全域で、熱力学第二法則=不破原則は常に妥当するはず、という強迫観念に駆られているのだ。くどいようだが、アルベルツとワトソンらの『細胞の分子生物学』の冒頭部分にある、熱力学第二法則を説明する数ページ（本書p.140-144）は、生体分子の世界を語る限り、不必要な内容であり、即刻削除すべきである。「薄い機械論」という自然哲学が悪い形で露出している部分である。逆に言えば、生気論への転落恐怖はかくも奥深いものだったのである。

この点、シュレーディンガーの名著『生命とは何か』の副題が「生きている細胞の物理的側面」であること、そしてここでの重要な指摘が「生命は負エントロピーを食べている」という比喩的表現であったこと、を再確認すべきである。さらにさかのぼって、二十世紀初頭にドリーシュが「機械論vs生気論」として再定式化した姿勢の根底にあったのもまた、「ニュートン主義の罠」と言ってよい、カント以来の「物質&力」という思考の型であったのである。

生化学的真理と構成主義

それにしても二十世紀初頭に、熱力学第二法則が無機的世界と生命的世界との境界線だとする見解が登場する一方で、よりにもよって無機科学が、これと直結する熱運動を、体系的に抹消する体制であったのだ。「機械論vs生気論」論争が長びくわけである。振り返ってみると初期分子生物学者は、DNA二重らせん構造に図らずも出くわし、そこに遺伝現象の完全な分子的対応物を見たと信じた。そしてその上に「生命現象は物理・化学で説明できる」とする十九世紀型機械論を重ね書きしたのである。だが、遺伝の分子的対応物を掘り当てたという直感と、生命現象は物理・化学で説明できるという自然哲学的主張とは、厳密には同じものではない。

現在の生命科学は、初期分子生物学が確立したセントラルドグマを拡張して、広大な生化学の成果と連結させようとしている。たとえば、生化学の成果の代表的な集約の形であるIUBMB-Nicholson反応回路図がある。これは、細胞内の生体反応の真理を示すものと考えられ、これとゲノム発現の実際とを結びつければ細胞分化が説明できるはずなのだが、実際はうまくはいかない。

繰り返しになるが、化学／生化学は熱運動を捨象する操作を内包させた体制であり、その成果を表わす論文や著作ではすべて分子は静止している。この状態は、現在の化学／生化学が、論文の引用連鎖で構成しているものが真理であるとする「信頼の環」を構成していることになるが、©象限メソネイチャー仮説からすると、これ全体が近似真理であり、現代の科学哲学が言う科学的真理の「構成主義 constructivism」が、あてはまる好例のように見える。このことは、実験室の振る舞いを観察対象とする科学社会学の研究が、なぜ生命科学を対象に選ぶことが多いのかという問いに対する、一つの答えとなる。

N・ロル＝ハンセン（Nils Roll-Hansen）「自然抜きの自然科学の研究？　いわゆる実験室研究のリアリズムについての反省」（*Studies in History and Philosophy of Biological and Biomedical Sciences*, Vol.29, p.156-187, 1998）の一節を引用しておこう。

「〔物理学や化学という〕自然科学が対象とするのは自然的なものではなく人為的なものであるという見解に、実験科学は傾きがちである。実験系という研究対象は、理論をもっとも効果的にテストするために注意深く組み立てられたものである。科学を実験中心のものとして解釈しようとすると、実は、自然科学の対象としての自然を軽んじることになってくる。一方で、自然科学の対象は人間によって構成されるものという一般的見解へと接近する。現代物理学にとってこの見解は説得力がある。新しい現象が最初は実験室内で作り出され、外界でそれが再生されることがある。レーザー光は、このような自然科学が構成論的な動きをする典型例である。

だがこのような構成主義的見解（constructivist view）をもって、自然科学一般を解釈することは不可能であるし、実験室研究一般にとってみると問題点が多い。たとえば分子生物学をとると、その主たる目的は実験室の外にある現象を説明することにある。サンプル生物が実験室にもち込まれ、実験対象として合致するよう作り替えられる。研究者が生物学における一般的理論を開発しようとする以上、そのサンプル生物は実験室外の自然の文脈に置かれた第一級の研究対象であることになる。ただしあくまで、実験室内の生物の調整は、その研究のゴールのための単なる一手段でしかない。」(p.167)

ロル=ハンセンが、分子生物学の研究目的は「実験室の外にある現象を説明することにある」と言っているのは事実であるが、実験室の外にある現象が何を意味するかは微妙である。最後の文からすると、それは、静止した便宜的絶対0度の膨大な文献ネットワークを指しているように も見えるが、実験室外の現象が臨床応用である可能性も捨てきれない。生化学の圧勝状態の中で、恐らく誰もがもっとも真理に肉薄する操作と考えるのは、生化学的推論の延長線上のものとして医学的応用を試みる場合であろう。近似真理の領域で組み立てられた「修理」仮説が、生身の©象限メソネイチャーに戻され検証されるからである。この面からも、生命科学研究と医学的応用はいやおうなく接近していくことになる。

C象限メソネイチャーの本質的特性

現行の化学／生化学は、生体分子を純粋な試料にして試験管内でその化学反応を分析し、活性化エネルギーなどを精密に測定してきたが、その過程で熱運動は体系的に抹消され、強制的に忘却させる制度であった。

これに対して©**象限メソネイチャー**は、生きた細胞を念頭に暫定的に組み立てられた概念であ

237　終　章　立ち現われた認識論的課題

る。そこでは、分子が分子として存在する以上不可避の、かつ水という溶媒中にあるゆえに帯びる熱運動は、基本的要素に位置づけられる。分子はみな、熱運動浮遊という励起状態にあり、生体分子は混雑状態で互いに組み合わさって複雑な熱運動構造を形成し、これらが常温下で、微細なエネルギーによって、穏やかにかつ一方向に進行する分子系である、と考えられる。分子次元における完全攪拌の状態が、化学進化を含めた四十億年以上重ねられたことで、**©象限メソネイチャー**内部は、無窮のニウラディック性（進化による結果的な合目的性）が研磨され蓄積され、その結果、あらゆる水準、あらゆる方向に、ニウラディック性が貫徹した分子系だと仮定される。

長い進化時間に比例してニウラディック性が深化したとすると、生物的自然の中では、**©象限メソネイチャー**の内側の、分子次元の自然がもっともニウラディック性が高いことになる。**©象限メソネイチャー**は、人間の想像力が及ばないほど深遠な、人知を超えた結果合目的性が幾重にも蓄積された自然であることを意味する。いわんや現行の「薄い機械論」が想定する程度の複雑性や合目的性などとは、まったく異次元で異質のニウラディック性を本性とするのだ。

ここで、結果合目的性と言い、ニウラディック性と言い、合目的的な自然を真正面から把握しようとしているのだが、他方で現行の生命科学は「始原合目的性」という基礎概念を完全に忘却してしまっている。

始原合目的性とは、ブレスロー大学生理学教授、ジェンセン（Paul Jensen: 1868〜1952）が書いた、『生理学の観点から見た有機体の合目的性・進化・遺伝 *Organische Zweckmäßigkeit, Entwicklung und Vererbung vom Standpunkte der Physiologie*』(一九〇七年)という本で展開されている重要問題である。ドイツの大学の生理学教授と言えば、この時代の生物学本流に位置する人物である。そのジェンセンが、ダーウィンの自然選択説は部分的な合目的性は説明できるが、生命の体制そのものの合目的性を説明することは不十分であるとして、生命の本性を成す合目的性を科学がとり組むべき重要課題として論じたのである。この問題は、『バイオエピステモロジー』(書籍工房早山、二〇一五年)で、「生理学者・ジェンセンの始原合目的性」(p.154~166)で論じておいたので是非読んでほしい。こういう問題関心のあり方は、いまの生命科学者が抱いている「薄い機械論」自然哲学からははるかに隔たった、異次元の位置にある。

もう一点、強調しておかなくてはならないのは、**Ⓒ象限メソネイチャー**内の反応の一方向性である。

生化学や分子生物学の教科書では当然のことのように、反応回路やセントラルドグマが一方向に進むものとしているが、この一方向性の理由は必ずしも明らかではない。一般の液体の中にある分子は、あらゆる方向へランダムに運動し、無意味な状態に向かうはずである。恐らく**Ⓒ象限メソネイチャー**内は全体として、化学進化以来、研磨され続けてきた結果として、流動性の「汎ブラウン・ラチャット系」を形成しており、最小の活性化エネルギーで、確率論的(stochastic)にかつ穏やかに、一方向に進行していくのであろう。熱力学的にこれは「変更分散 biased diffusion」と表現される、無機科学的には矛盾した現象である。これまでに多くの生体分子の構造が決定されているが、なぜかくも複雑な構造である必要があるのか説明づけはされていない。これらの複雑な分子形態が、未知の汎ブラウン・ラチャット系の機能を担っているのではないか、と推測される。

熱運動浮遊と分子の駆動性

©象限メソネイチャーの内部を熱運動浮遊の状態と見ると、そこは微細な熱運動構造に満ち、混雑効果でそれが意味をもつ自然であると考えられる。恐らく、これらの未解明の効果で、化学／生化学がはじき出す活性化エネルギーよりははるかに穏やかに生体反応が進んでいくのであろう。

ところで、シュレーディンガーは『生命とは何か』の中で、遺伝を担う物質は非周期的結晶を成しているであろうと予言した。実際、DNAは、これに近いとも見える分子構造をしていたが、**©象限メソネイチャー**内でのDNAの実際は、水和状態のB型DNA、つまりDNA（+H_2O）という熱運動浮遊の状態にあるときが最も安定で、このような熱運動浮遊状態にあるときにのみメモリー機能も駆動する、と考えられる。

つまり**©象限メソネイチャー**内の分子はすべて、熱運動浮遊という微次元での励起状態にあることによって機能をもち得るのであり、結晶状態の分子はこれに当たらない。一般に、細胞内に無機的結晶が出現するのは病的な状態であり、実際、アミロイドーシスという、たんぱく質が結晶化する深刻な病気がある。分子メモリーであるDNA（＋H_2O）から情報を読み出すセントラルドグマの過程は、©**象限メソネイチャー**内ではメモリーを含む相対的に静的な部分であり、だからこそ、生化学的な手法で真っ先に解明し得たのであろう。

このことの自然哲学的な意味は重要である。ヘッケルの『結晶生命論 *Kristallseelen*』（一九一七年）から、カウフマン（Stuart Alan Kauffman: 1939〜）の複雑性理論（『*At Home in the Universe*』1995）に至る一連の思想は、生命における秩序発生を考えるのに、無機的自然との中間段階として結晶状態を置く。既存の無機科学の上に生命現象を想定する考え方であり、これらはすべて広義の機械論と言ってよい。同様に、生命の特徴を「非平衡の系」とか「動的平衡」と言うのは、古典力学の側から©**象限メソネイチャー**を特徴づけたものでしかなく、何も言っていないのと同じである。

デルブリュックは、生命の物理科学的探究の果てにパラドックスが現われると予想したが、そんな事態にはならなかった。繰り返しになるが、その理由は、化学／生化学が確立させた手法に熱運動を捨象する過程が組み込まれていたからである。分子存在の本質的特性である熱運動の次元に展開する©**象限メソネイチャー**は、言わば化学／生化学が確立させた探求法をすり抜け、これとは直交する位置に展開する自然だったからである。

生体分子の視覚化の罠

ところで、原子／分子の熱運動が意味を帯びるメソネイチャーは、その大半は目には見えない。生命科学において、不可視の生体分子を図示する動きは一九八〇年代から活発になったが、見えないものを視覚化するのは本質的に矛盾しており、ほんらい認識論的吟味が不可欠の作業である。ところが不思議なことにこの作業は、科学的表現法としても、また教育や啓蒙の手段としても、好意的に受け取られ、批判的な検証はほとんど行なわれては来なかった。

もともと十九世紀機械論においては、仮説的存在の原子／分子は、剛体の球形微粒子で代用されてきた。厳しく言えば、見えないのを良いことに、虚空を飛び交う微粒子を基本モデルに据え、これで生命を説明しようと構想したのである。見えない原子／分子をどう図示するかは、自然をどのようなものと見立てるかという問いと、ほぼ同じである。これは、生命科学における表現（representation）問題として語られてきた。今では、CG（コンピュータ・グラフィック）という表現法は、生体分子の論文作成では基本技術になっており、その完成度は高く、一部は芸術的な域にまで達している。そして、この表現法を批判的に論じる立場はまず見当たらない。むしろ事態は逆である。G・ジョンソン＆S・ハーティヒの評論「生体分子の構造データの視角による分析とコミュニケーションのためのガイド」(G. Johnson & S. Hertig: *Nature Reviews Molecular Cell Biology*, Vol.15, p.690～698, 2014) では（第6－1図参照）、電子を電子雲として表わす左端の図が科学的には最も妥当なものとして認め、右に行くほど教育的・啓蒙的な目的で加工の度が高くなっ

第6-1図　生体分子の視覚化とその課題

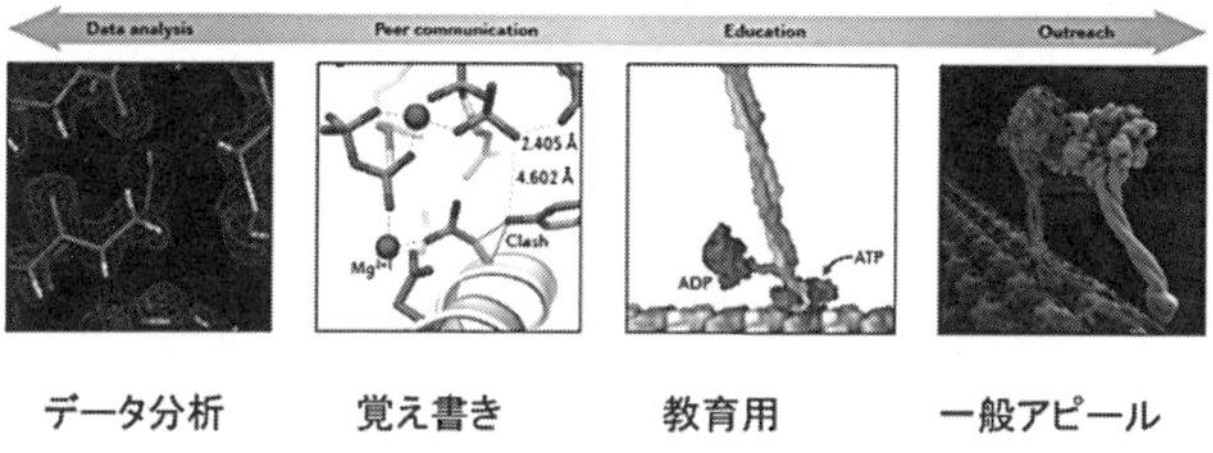

資料）G.T. Johnson & S. Hertig: *Nature Reviews Molecular Cell Biology*, Vol.15, p.690-698, 2014.

ている、と論じはするのだが、この手法そのものの認識論的な妥当性は扱ってはいない。右端の図は、研究費獲得のアピールのために有効とは言うのだが、見てきたような嘘を堂々と図示したもので、明らかにやり過ぎである。

ヘモグロビンなどの例外を除いて、もともと原子／分子に色は着いていないのだから、着色はすべて恣意的である。情報伝達と理解のし易さという限られた目的で、かつ注釈をつけて使用すべきである。生体分子の図示という表現手段が抱える、事実の表記との差異という点から問題を列記すると、大よそ以下のようになる。①電子は電子雲として表わすのが本当は正しく、原子に明確な境界はない、②ほんらい原子に色は着いてはおらず、すべての色は恣意的で審美的判断による、③分子はすべて激しい分子運動の分子衝突の嵐の中にあり、図示すること自体、自然の実態のストップモーションでしかない、④生体分子は実際は混雑状態にあ

第6-2図　ATPを消費しながら歩くたんぱく質

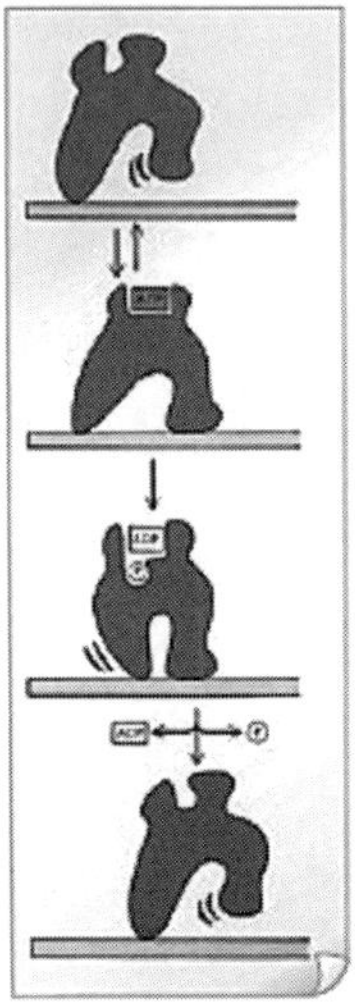

資料）B. Alberts, 他：*Molecular Biology of the Cell*, p.138, 1983.

り、暗い中空に個別に浮遊する分子という表記は妥当性を欠く、⑤水分子がすべて省略されている。

この方が伝達しやすい面があるのは事実である。だが逆に、生体分子の振る舞いを過度に単純化した図で説明するのは誤解を招き、問題をはらんでいる。第6-2図は、この本でもしばしば取り上げたアルベルツの『細胞の分子生物学』（一九八三年）に掲載されたもので、まるで意思をもった分子が歩いているように描かれている。これが、生体内の分子の反応を正確に伝えているか、疑問である。

そもそも図示をする行為自体に、熱運動を抹消する操作が重なっており、分子すべてを静止させて近似真理とする、現行自然科学と同型の欠陥がここに横たわっている。そして熱運動の抹消操作に重ねて、無色である原子や分子に色彩を加えるカラー化手法が創出され、これを受容することが強制されてきている。生命科学の教科書は八〇年以降、全ページ・カラー化の方向に進んだが、そのおもな理由は生体分子が彩色なしには説明し得ないほど複雑になったからである。だが、カラー化された分子の描写には魔術的な説得力があり、少なくない人間を魅了し、それが真実であると錯覚させるのに十分な危険に満ちている。「生体分子カラー化の罠」である。

にもかかわらず、分子の彩色が恣意的なものであることについて、但し書きがないのは、このような「事実の構成」について、教育的・啓蒙的な観点からとりあえずの良策との判断があるからなのであろう。

生体分子記号化の罠——分子生物学的説明というトリック

「生体分子カラー化の罠」に似ているが、認識論として格段に重大なのが「生体分子記号化の罠」である。繰り返すが現在は、生命は物理・化学によって説明されるというのが公式見解であり、われわれはこれを「薄い機械論」と呼び、一つの自然哲学として認定してきた。生体分子やその側鎖を原子や分子（残基を含む）の記号で表わし、これらの生化学的反応を列記することが、現行の生命科学では、すなわち生命現象に関する説明であると受諾することが強要されるのである。

だが、たとえばＤＮＡの側鎖はＡ（アデニン）、Ｇ（グアニン）、Ｃ（シトシン）、Ｔ（チミン）のわずか四種の塩基しかなく、互いにＡ－Ｔ、Ｃ－Ｇとしか結びつかない。だからＤＮＡという分子は外側からは、まったく特徴のない紐状の分子でしかない。実際、一九五〇年代までは、ＤＮＡはその構成要素があまりにも単純であったため、これを遺伝子の実体と仮定するのは異端的立場であり、複雑性を考えてたんぱく質を遺伝子と想定するのが一般的であった。そのＤＮＡのらせん構造の内に回り込んで、塩基配列の微妙な差異を正確に読み取るには、高感度の検知システムがなければならない。だが現在の生命科学では、ＡＴＣＧという記号で塩基配列を表わすことで差異化して見せ、ＤＮＡの塩基配列の違いがそのまま正確に読み取られて、個別反応の「原資」として機能していくという理解を、強制する状態になっている。

だが、塩基配列のわずかな構造上の違いを、微塵の間違いもなく正確に読み取っていく生体内の機能を、現行の物理・化学が説明しているとは思えない。「生体分子記号化の罠」は、ほんらい科学的に解明されるべき問題が疑似的に解決されていると信じ込ませ、自己暗示をかけてしまう傾向をもっている。言い換えれば、記号化された生体分子を生体分子自体として扱うのは「薄い機械論」というイデオロギーの反映である。それはまた、熱運動を隠蔽し、便宜的絶対０度の近似真理を科学的真理だと強要する制度そのものの一部なのである。

実際、現行の生命科学は、研究対象を超遠心機にかけて脱水してしまうが、この試料調整の工程に誰も疑義を挟んでは来なかった。現在の生命科学にとって、超遠心機やホワイトボードは

「薄い機械論」に立つ方法論を遂行するための必須の装置である。だが©象限メソネイチャー仮説から見ると、それは熱媒体の本体である水を追放し、微細な熱運動構造が担う機能を研究する可能性を破壊する。こうして、特定された生体分子を抽出することが真理に肉薄する手段であるとする、分子担保主義の強制を、現在の生命科学の研究者は、甘んじて受け入れるのである。

恐らく©象限メソネイチャー内部は、混雑状態にある多数の生体分子が微妙な熱運動構造を構成し、水和状態にあるDNA分子の塩基配列のわずかな分子構造論的差異が増幅されており、これらの仕組みが正確な解読を保証して、生化学的反応を厳密かつ一方向に進めていくのであろう。いまは検知できていない「熱運動構造」を説明の中心に置いて、自由に推論を拡張し議論を展開するこういう態度は、たとえば、現在の宇宙論の領域ではごく普通のものである。暗黒物質を推定する態度がその例である。

無機科学では、隣り合う分子はまったく偶然に存在するのであり、熱力学は分子間における徹底した無意味性を主張する。だから、DNA分子の塩基配列が意味をもつという自然認識を共有すること自体、非熱力学的な自然観に移行している。だがDNAの二重らせん構造の発見を出発点に構築されたセントラルドグマは、眼差しを分子の直近に固定させて、既存の化学法則で生命を説明できるとする機械論に自らを縛りつけ、分子生物学が掘り起こした自然の非熱力学的特性については黙殺し続けてきた。分子生物学が成立する直前、ここに情報科学の概念を重ね、アナロジーとして用いることを実践したのは、前述したようにガモフであった。しかしこれに続く研究者たちは、このアナロジーで推論されてくる分子を抽出する競争に熱中する分子ハンターとなり、分子担保主義へ転落していった。

結局、既存の物理・化学が構造的に接近し得ない次元の自然に目を向けて、深い洞察をめぐらすことを抑制しているのが「薄い機械論」であり、「それは生気論だ！」という二十世紀前半の精神の残響なのだ。分子生物学という名称は、生物学としては過大評価だったのである。

分子の非対称性と時間の発生

ニュートン主義の思考枠からなかなか抜けられないものの一つが、時間の概念である。レイザー（David Layzer）は、「時間の矢 The Arrow of Time」（*Scientific American*, Vol.233, p.56～69. December 1975）という印象的な論文を書いている。ここで彼は、理想気体を基本に置いて、熱力学理論の不可逆性問題を論じている。不可逆性問題の鍵は、議論の出発点に理想気体を置くこと自体にあるのであり、注目すべきは、レイザーが、分子の拡散過程を論じるのに香水を例にあげている点である。香水は巨大分子であるために「粘性」を帯びながら確率論的に拡散していく。その想定される様子が図示されているのだが、ここでもまた香水分子はコンピュータの計算上では、球形の剛体で近似され、理想気体を擬した議論になっている。

この論議の根底にあるのは、熱力学的時間は均質で一様に進行するという思想である。だが、アインシュタイン以降に生きるわれわれは、時間とは結局、ものの位置関係の変化であると考え

第6-3図　‘粘性’のある粒子の拡散

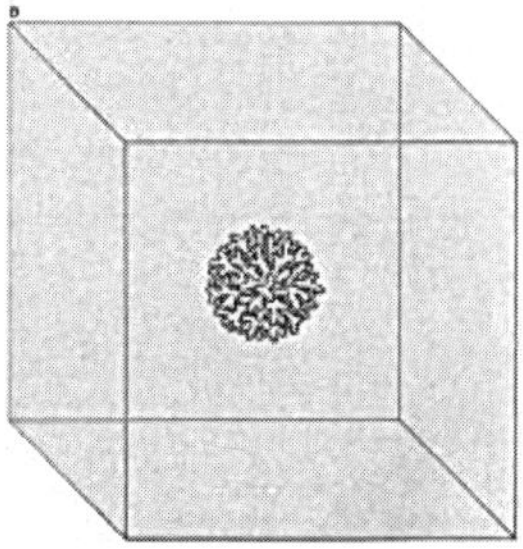

資料）D. Layzer: The Arrow of Time, *Scientific American,* Vol.233, p.60, December 1975.

るに至っている。だとすれば、時間の進行について別の形態を考えることができる。たとえば、物理学の十八番《おはこ》である、対称性とその破れを考えることである。古典力学が理想形とする剛体の球形微粒子から、分子の形が離れれば離れるほど、つまり構成分子の非対称性が増せば増すほど、熱力学的時間の進行にわずかに「歪み」が生じる。無機的世界ではさまざまな形の分子はすべて球形微粒子で代用され、それゆえに熱力学的時間が進行する。実際に非対称形の分子の群れが時間の歪みを帯びることはたいへん稀であるが、進化の長大な時間経過とともに、非対称の分子のセットがある濃度を保ちながら、熱力学的時間の進行を歪曲させ遅らせることになり、さらに時間が経つと一段と複雑な分子反応のセットが現われ、時間を変形する機能を蓄積していった。そしてある時点、恐らくは地球誕生後、五億六〇〇〇万年ほど経った頃に、一群の分子セットが、抗・熱力学第二法則性を実現させる特殊解に到達し、©**象限メソネイチャー**が出現したはずである。さらにその後、

©**象限メソネイチャー**の間で淘汰が進み、やがて現在の地球生命の祖先であるLUCA（Last Universal Common Ancester：全生物最終共通祖先）が出現したものと考えられる。

繰り返すが、熱力学は理想気体を基本モデルとして構築された理論体系であるのに対して、その対極に展開するのが©**象限メソネイチャー**である。そしてそれは化学進化の必然の産物なのだ。分子は多種多様であり、その分子形態の非対称性が増せば増すほど、分子セットが形成されてその内部での時間進行に歪みが生じ、大掛かりな分子セットが自動的に選択され、化学進化が進行していくのだ。既存の自然科学を教育された者の耳には、謎めいて聞こえるだろうが、熱力学的な進行は、エントロピー拡大の厳格な一方向性の過程であるとするのは理想気体を基本モデルとし、無機世界ではこの理論が妥当するからである。だが同時にこれと並行して、非対称性の複雑な分子群が蓄積・濃縮・成長し、時間の形を一段と歪めた機能を帯びる分子セットを生み出し、その果てに、抗・熱力学第二法則性を、壮大な反応回路の特殊解として実現させた©**象限メソネイチャー**が出現したのである。

重要なのは、それは当初から「自己保存機能」と「自己複製機能」をともに具備していたことである。©**象限メソネイチャー**仮説からすると、抗・熱力学第二法則性が第一義的な存在理由である。だから一見、自己維持機能さえ保持していれば良いように見えるが、他方で、熱力学第二法則の過酷さを鑑みれば、©**象限メソネイチャー**は当初から、自己保持機能と自己複製機能とを併せもたざるを得ない、という論理になる。慎重に洞察をめぐらせば、熱力学的時間の進行はまた、非対称性分子が集積して時間そのものを歪曲させる分子セットを生み出し、やがては回帰的時間をも実現させた**Ⓒ象限メソネイチャー**が現われた、という論理に到達する。結局、二十世紀人は、熱力学第二法則の至高性神話に幻惑され過ぎたのだ。

Ⓒ象限メソネイチャーの多時間性（生理学的時間、発生学的時間、進化論的時間）については、「生而上学小論」（『時間と生命』、p.356〜362）で論じておいた。ここでは読者の便宜を考えて、変則的だがその前半部分を再渇しておく。

生而上学小論（抄）

一・　一　生命は合目的的である。

一・一・一　生命の合目的性は何人も否定できない。

一・二　科学的知性はこの合目的性の活用に死力を尽くすべきである。さもなくば知的怠慢の咎はまぬがれない。

一・二・一　なぜこれまでこの合目的性が活用されなかったのか、に答え得るものは、真の意味での科学史的な解答である。

一・二・二　生命の合目的性を活用しようとしたこれまでの試みが、すべて不成功に終ったのは不幸である。

二

二・一　生命の合目的性は進化論によって説明される。

二・一・一　進化論は生命の合目的性に対して因果論的説明を与えようとするものである。

二・一・二　しかし、ライヘンバハが言うように目的論は進化論の出現によって生命現象の説明から排除される、のではない。

二・二　進化論を受容することは、ただちに、生命現象の説明として目的論を合理的に活用する責務を負う。

二・二・一　目的論の活用は、進化論の逆か読みとして正当化される。生命現象に対する目的論的説明の合理的活用は、進化論によって裏打ちされている。

二・三　生命の合目的性は進化の結果として在る。生命の合目的性は進化による結果合目的性である。

二・四　われわれは進化論の逆か読みとしての応用進化論の立場をとる。

二・四・一　なぜこの立場がこれまで見えなかったのか、については一・二・一のごとく別の科学史的説明を要する。ただ事実関係についてのみ述べれば、これまでの進化論の主題は進化要因論であった。進化過程の因果分析的探求のみが進化に関二・四・二　する科学的アプローチだと、主に信じられてきた結果合目的性の上に展開する世界を、ニウラド世界（Niwradic World：NiwradはDarwinの逆綴り）と表現する。

三

三・一　生命現象から抽象化された論理を生命数学と呼ぶ。

三・一・一　現代数学の思想からして、なぜ生命現象からの抽象化が行なわれようとしないのかは、奇怪である。

三・二　生命数学の存在・非存在に関する言明は、神学に属する。

三・三　われわれは生命数学の存在に賭ける。

三・三・一　当面のわれわれの立場を応用進化・抽象生物学と呼ぶ。

四

四・一　生命は多時間的である。

四・一・一　任意の生物を指定するためには、進化論的時間、発生的時間、行動生理学的時間を指定しなくてはならない。

四・二　任意のものを考えよ。それは時間ｑ１レベルで消滅する。ｑ１レベル無限大でなお残るものが在る。それがもつ作能を個体維持能と呼ぶ。それは時間ｑ２レベルで消滅する。ｑ２レベル無限大でなお残るものが在る。それがもつ作能を増殖能と呼ぶ。

四・二・一　ものが存在する環境をある程度厳しい条件に固定し、ｑ２レベル無限大をとれば、自己増殖能が導かれることが予想される。

四・三　ｑ１レベル無限大の後にニウラド世界の任意のものがニウラド性有意に振る舞う時間ｔ１を、行動生理学的時間とよぶ。ｑ２レベル無限大の後にニウラド世界の任意のものの増殖能が、ニウラド性有意に機能する時間ｔ２を、発生学的時間と呼ぶ。進化論的時間は、ｑ１レベルおよびｑ２レベルの無限大操作を保証するものであり、この論理操作を自然選択論法と呼ぶ。

四・三・一　この操作は、生命の抽象構造の進化的時間に関する共時的（共・進化時的）展開である。

四・三・二　熱力学第二法則と自然選択論法は自然における機能の面で対偶的な関係にある。古典力学世界とニウラド世界は互いに反対象限にある。ニウラド世界の探求は、熱力学第二法則の創造的逆解釈である。

四・三・三　ｔ１およびｔ２はともに結果合目的性が保証されている。しかし、どこまでの結果合目的性の活用が正当なものであり、どこからが禁止されるべきか、については、今後の知的冒険とその哲学的吟味にゆだねられている。

四・三・三・一　結果合目的性は化学進化にまでさかのぼってあてはまる。

四・三・四　生命科学一般、ことに心理学、行動学、発生学における因果論・科学的説明に関する論争の不毛の一因は、生命の多時間性に気づいていないことにある。生気論の誤りとされているものも、もちろんこの点に関わっている。生命の起源の問題も生命の多時間性の起源の問題と関わってくる。アイゲンの思想の出発点にあるのは隠れた目的論である。

（以下略）

因果論的推論の生産性の逓減

因果論的推論こそ科学的という信念は、十九世紀にドイツ生物学に流入した。カントの自然哲学が圧倒的な権威をもち、運動の保存則を基本イメージにしたニュートン主義が物理学の領域以外にも拡張されるようになったからである。こうして因果論的な探求が進められると、これに呼応する生物的自然が探り当てられ、十九世紀末〜二十世紀中期にかけて一大成果をあげてきた。だが二十一世紀に入って因果論的推論の生産性は急速に低下している。それは遺伝子という概念で見るとはっきりする。

もともと遺伝子概念は、十九世紀ドイツ生物学において、生物の形態形成で想定される原因の束として原基（Anlage）という概念が使われるようになったのが一つの発端である。またこの時代は、生命現象を説明する一般理論が重視された時であり、その中で、階層的な原基の体系的仮説を組み立てた、遺伝／発生理論を提唱したのがワイズマンの『生殖質論』（一八九二年）である。このようなドイツ生物学の理論過多の学風を拒否し、実証実験に徹したのがアメリカのモーガンであった。すでに述べたことだが、彼は欧州の研究旅行から帰ると、コロンビア大学でショウジョウバエを実験材料に選んで、突然変異体の交配実験を続けた結果、『メンデル遺伝のメカニズム *The Mechanism of Mendelian Heredity*』（一九一五年）で史上初めて染色体地図を作製した。その後、カリフォルニア工科大学に移ったモーガンはデルブリュックを採用したが、デルブリュックは大腸菌に感染するウイルス（ファージ）を研究対象に選んで分子レベルでの遺伝の仕組みの解明に乗り出し、分子生物学の基礎を構築した。こうして、生物学における因果論的思考は、ワイズマン学説（Anlageの観念論的な体系的学説）→モーガン遺伝子説（染色体地図作成の上に立つ実証的仮説）→セントラルドグマ（遺伝情報はＤＮＡ→ＲＮＡ→たんぱく質へと流れる）へと実を結び、遺伝子概念が確立され、これに呼応する安定した自然の対応物（染色体→ＤＮＡ）が探り当てられたように見えた。こうして初期分子生物学の時代には、「ＤＮＡは生命の設計図」という比喩が著しく迫真性をもったのである。

だが二十一世紀に入ってゲノム解読が進むと、高等生物では、たんぱく質の配列を指定するＤ

NA部分はわずかであり、他の大半のゲノムはさまざまな長さのRNAに読み取られて複雑な発現調節を行なっていることが判明した。初期分子生物学が構造遺伝子（たんぱく質を規定するDNA配列とその読み取り部分）と命名したDNA部分は、多段階の制御機構の指令の下にあり、いまや「DNAは生命の設計図」という見立ては有効ではなく、DNAの総体としてのゲノムは、必要な時に必要な情報が呼び出されるUSBメモリーに似た位置に退いてしまう。二十一世紀においては、DNAに代わって、USBメモリーの情報を利用する細胞質の側が生命の疑似的な「主体」と見立てられる一方で、古典的な遺伝子概念は行方不明になっている。こうして因果論的推論の生産性は逓減してきている。

Ⓒ象限メソネイチャー内部は、微細な熱運動構造が意味を帯びているのだとすると、古典力学の適用は無意味となる。ブラウンがブラウン運動を発見した当初は生命力の本体に出くわしたのではないかと疑ったが、無機的現象であるのは確実であった。であるとすると、ニュートン主義的な、力の保存則をイメージした因果論的推論の見立ての有効性は、ここで切断されている自然の構造であることになる。

一方、**Ⓒ象限メソネイチャー**仮説に立つと、細胞質内部は「有意味熱運動」の象限にあるのだから、ブラウン運動のランダム性を利用する未知のニウラディック性（結果合目的性）を具備した自然であると考えられ、それをすくい取って考察の対象にするためには、そもそもそれらを表現する基礎的概念から案出する必要があることになる。**Ⓒ象限メソネイチャー**内部は、歪曲した熱力学的時間が封入され、多時間性を帯びている。別の表現をすれば、それは全体として抗・熱力学第二法則性を実現する連動関係をもっており、すべての反応は近未来のいくつかの反応を予定する、いくばくかの「予言性」が含まれている。これが、機能の合目的性と近未来の予言性という合目的性という、二重の結果合目的性を帯びるニウラディック性の本来の意味である。そしてここからさらに一歩進んで、熱運動が意味をもつメソネイチャーの自然を総体として眺めてみると、手持ちの用語では「疑似主体」と表現するよりない概念が立ち上がってくる。

因果論／目的論の認識論的処理、「落ち葉を運ぶ」

ダーウィンが書いた『種の起源』（一八五九年）は、種が長い時間をかけて変化してきた事実を忍耐強く集めて並べ、最後にその説明原理として自然選択仮説を示唆するという構成になっていた。これを読んだヘッケルは、そこに生命の合目的性を因果論的に説明する根本原理が示されていると確信し、自然選択説を生命一般の説明原理に格上げして、生物界全体を論じた。ただし第二次大戦前までは、進化の説明原理としては自然選択説だけでは不十分であると考える生物学者がほとんどで、獲得形質遺伝を認める研究者も少なくはなかった。ところが、第二次大戦中から戦後にかけて、ソ連においてメンデル＝モーガン遺伝学をブルジョワ科学であると否定し、獲得形質遺伝を主張するルイセンコ学説が台頭してきた。現在の進化論史には出てこないが、これに危機感をもった正統派が議論の内容を因果論的発想に統合したのが進化総合説であると考えてよい。英米の進化研究者は一九四七年にプリンストンで会議を開き、それまでは割れていた進化要因論を集約することで意見は一致し、総合進化説の構築に一気に進んだ。こうして進化要因論は「突然変異→自然選択」のみを承認する、啓蒙色の強い総合進化説が形成され、英米の科学界を圧することになったのである。

振り返ると、ダーウィンの自然選択説は、因果論志向の強い十九世紀の自然観のただ中で考え出された、生命の合目的性を説明できる立論可能な仮説の一つであった。総合進化説において、生命の合目的性を説明する唯一の仮説であるという点では、実証はされないが論理的必然から公認の概念であった百年前の「エーテル」と似た位置にある。

これに対してこの本は、一切の合目的性は進化論によって説明されているという、正統派の地点から逆を向き、生命はニウラディック性（進化の結果による合目的性）が貫徹する自然であり、かつメソネイチャー（分子以上・細胞以下）次元の自然は古典力学が体系的に黙殺してきた、もう一つの自然であろうという見立てで探求する立場である。

この仮説は一見、進化要因論への無関心と有意味熱運動系という二重の角度から、因果論的推論の無効性を主張しているように見えるが、そうではない。バイオエピステモロジーとして、認識論的課題を整理する目的で、最後に、前著『バイオエピステモロジー』(p.338)に載せた「落ち葉を運ぶ」という比喩について、もう一度、論じておきたい。

枯れ葉の山をトラックに積んで運ぶと、振動で葉っぱや枝は変形を受けながら、全体としては

第6-4図　落ち葉を運ぶ

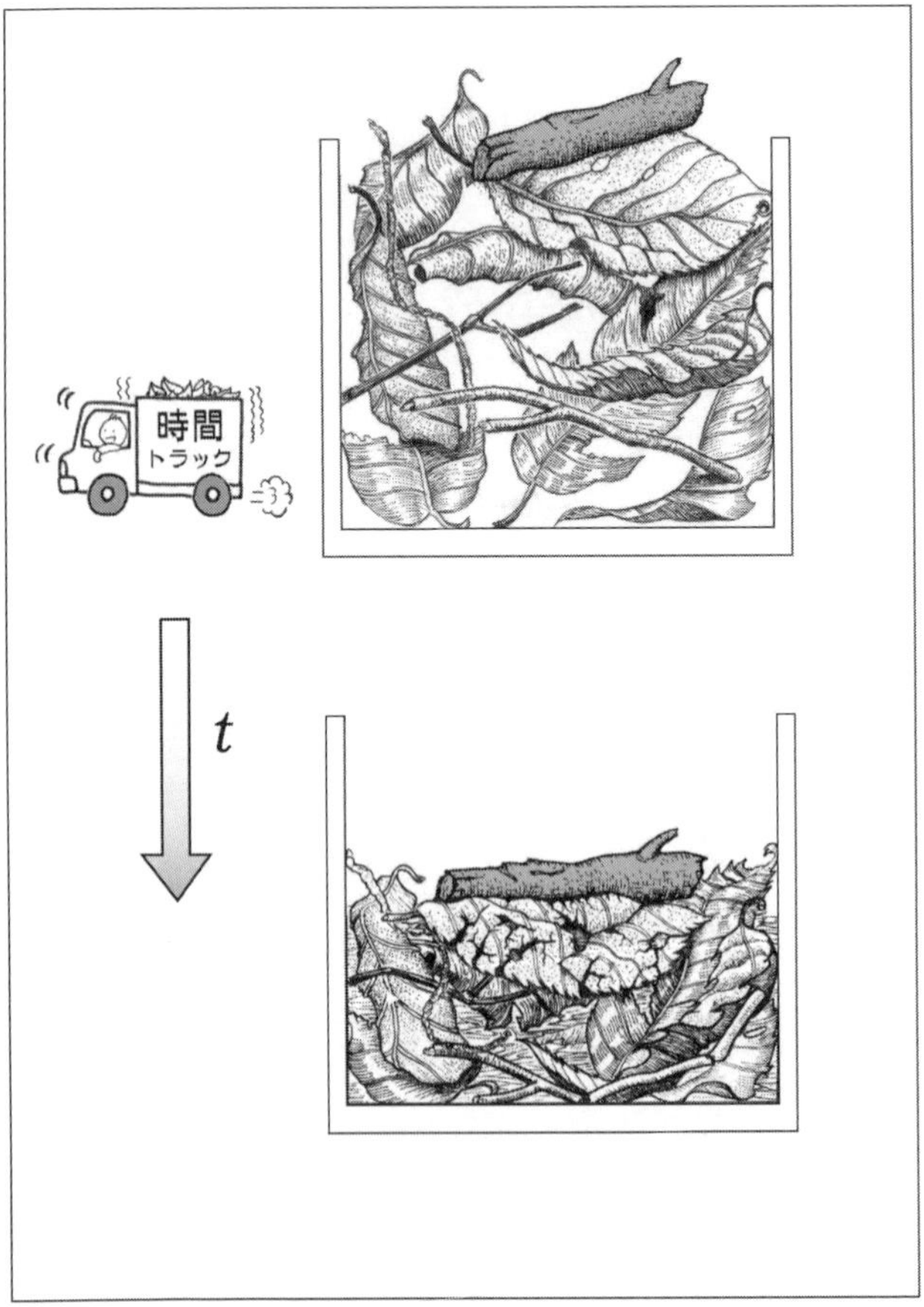

太い幹の断片は、DNAもしくは染色体になぞらえている。発生過程は、細胞がDNAから必要な情報を読み出して、自身もより特化した完成された形になっていく。これを進化過程の比喩として見ると、さまざまな機能単位は変形を受けるが、その中でメモリー機能はあまり変わらない。

より締まった密な状態になっていく。生物進化の過程もこれに似たものであったのだろう。三八億年以上前の地球で、さまざまな断片的な機能を実現する反応回路が生じ、これらが凝集して、抗・熱力学第二法則性の特殊解を実現させ、©**象限メソネイチャー**が発生したと推定される。その後、進化的時間の過程で練磨され、単位回路がより密接に機能する状態が探り当てられ、ニウラディック性が深まる方向に進化したのであろう。生命発生の初期段階では、©**象限メソネイチャー**としての統合の程度は緩やかで、系統を越えて生理機能が水平移動をしたり、異なった生命体を細胞の中に取り込んだりして進化した。これらはゲノム研究によっても確証された事実であり、現在の進化要因論の枠内ではまったく説明の及ばない事態である。このことはちょうど、トラックで運ばれる落ち葉の山がまだ緻密な連携を作るには至っていないのに似た、統合がゆるい状態であったのであろう。

このような経過が蓄積した結果を現在からみるというのは、すべての時間経過を圧縮した下方から眺めることである。眺める角度を微調整すれば、いくつかの要素が因果論的に作用しあって発展してきた過程として写し取ることも可能になる。いちばん上にある太い枝片を染色体と見立てると、DNA=USBメモリー説に立って、ヒトの遺伝子が2万個強にとどまり、たとえばセンチュウなどと遺伝子の数がほぼ同程度であることの表面的な矛盾を説明する。メモリーを活用する©**象限メソネイチャー**側の読み取り機能が変形し、飛躍的に進化した時期が出現したこともあったのであろう。太い枝片の内部そのものも時間とともに変質していくから、現在から過去を見据えて、進化をＤＮＡの変異に投影させて論じることも可能になる。
同様に「落ち葉を運ぶ」のこの図は、多細胞生物の個体発生のアナロジーとしても用いることができる。ゲノム（太い枝片）から必要な時に必要な情報を、細胞質という流動状のパソコンが取り出し、細胞そのものが変化し分化していく、エピジェネティクスに関するイメージを示すことである。

半世紀前、分子生物学が出現したとき、少なくない人間が、この新しい学問に本質的な異質性を直感した。だが、セントラルドグマが確定された後、そこに伏在する非熱力学的な意味を探求する方向には進まなかった。逆に、遺伝情報の保存とその解読が分子次元で解明されたのだから、生命現象は一律に分子に投影され得るという分子担保主義の安逸な道を進んでしまった。それは同時に、分子生物学が生化学へ呑み込まれ、生命科学全体が拡大された生化学に変貌することであり、生化学の側が変質することであった。

だが、ある研究分野とは結局は、特定の自然対象を限られた研究方法で観測・分析することとほぼ同じであり、科学的な説明とは、突出した一手法で得られた成果を足掛かりにして、洞察を働かせて一般化したものである。この事態を言い換えれば、飛び飛びで凸凹の手法で得られた結果を水平方向に拡張し、自然全体が継ぎ目のない科学的説明で覆われているかのような幻想の内に、科学者自身が住み着いているからである。

第6-5図　科学的説明のシームレス幻想

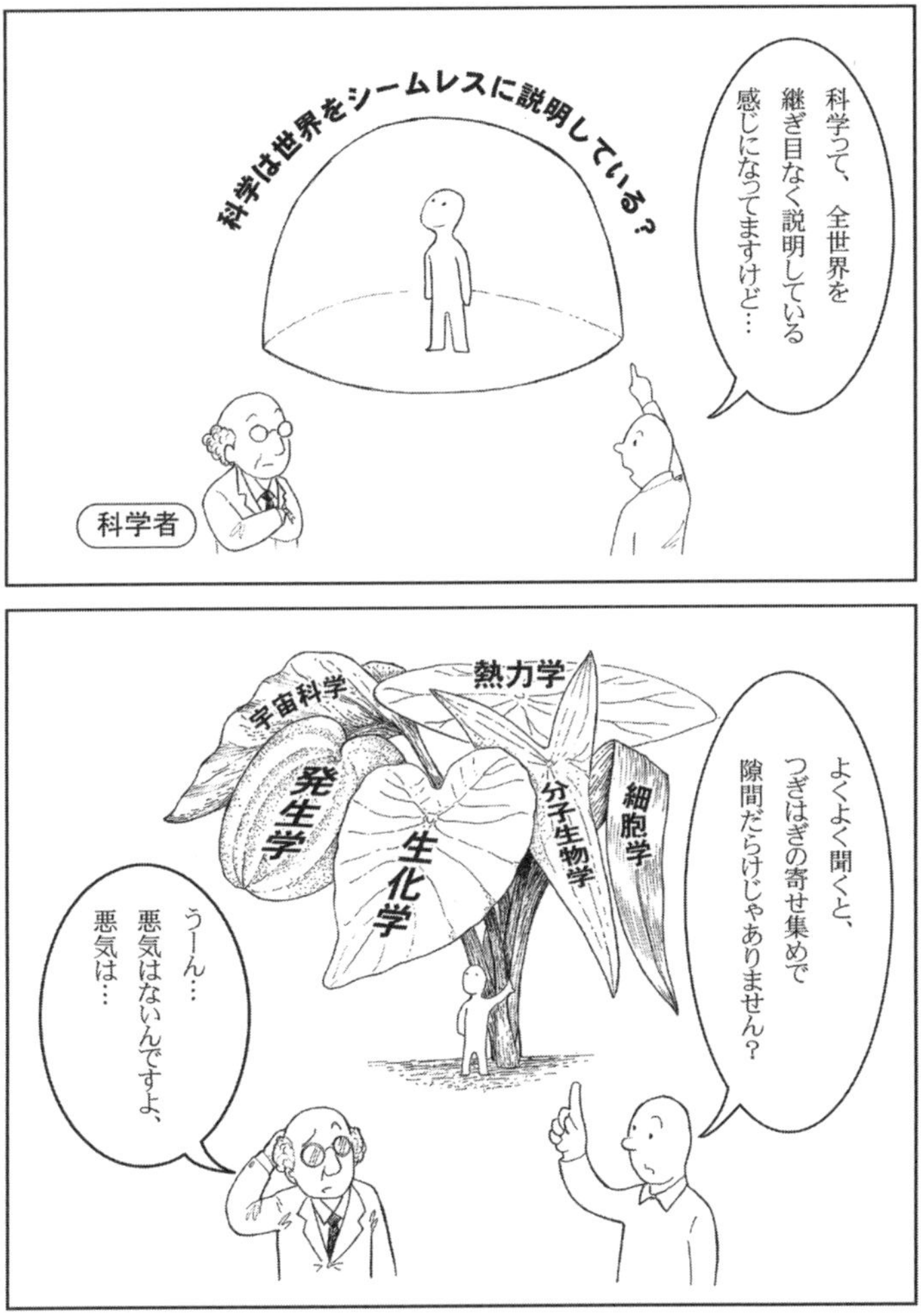

©象限メソネイチャーの概念発掘、そして抽象生物学へ

未探検の横穴の先に広がる©**象限メソネイチャー**は、まだ仮説的なもので茫漠としている。それは、これまでの自然科学が本格的には出会うことのなかった、分子以上・細胞以下の中間自然であり、まずはこの自然階層を凝視し自然哲学的洞察をめぐらすことから始めなくてはならない。

無限回の試作と崩壊、その繰り返しの長大な進化的時間によって研磨され、幾層もの無窮のニウラディック性を内包させているが©**象限メソネイチャー**である、と想定される。われわれは、ここから何か抽象概念の体系を取り出すことを熱望している。だが、この未踏の横穴に踏み込んで振り返ってみると、既存の自然科学は抽象概念までをも含めて、知的片肺飛行をしてきたのではないか、という絶望感に引きずり込まれる。

実際、©**象限メソネイチャー**からこれを扱う抽象概念や論理を、われわれは導き出せるのだろうか。ニュートンは、一六八七年の『自然哲学の数学的諸原理』(全三巻)をすべて幾何学で論じている。今日、ニュートン力学として表わされている微積分法は、この歴史的な大書の出版後に、ニュートン自身とライプニッツが競争しながら創り出したものである。ニュートンは自身の力学理論を展開するのと同時並行して、必要な数学表現も開発してきたのだ。だからこそフッサール(Edmund G. A. Husserl: 1859~1938)は、「幾何学の起源」という論考(『幾何学の起源』、田島節夫・矢島忠夫・鈴木修一訳、青土社、一九七六年、新装版二〇一四年)を試み、人間理性と幾何学との間の、共鳴関係と起源を探求することが哲学的な最重要問題と見なしたのである。

歴史を展望すれば、**©象限メソネイチャー**から抽象概念を導出する試みは、世紀単位の努力が絶対に必要である。簡単に成果が出るものではないのは自明である。ニュートン力学にとっての幾何学に当たる、〈生命数学〉に関する手掛かりは、いまは影も形もない。そもそも物理学と同じような役割を担う理論を求めること自体、見当はずれなのかもしれない。任意の一点を座標で表現し得る抽象系が空間だとすると、**©象限メソネイチャー**の内部は空間ですらない。前著では、第一種のニウラディック空間と表現したが、今や「ニウラディック象限の自然」としか言えないのだ。

にもかかわらず、われわれは知的な感性を研ぎ澄まし、未探検の横穴の奥に広がる**©象限メソネイチャー**の深部の探究に歩を進めるよりない。立論可能性があるなら、どんな些細な糸口でも、全力でその可能性を試さなくてはならない。それが知の歴史である。今の宇宙論を見ればそこでは、開放された精神によって自然哲学に相当する課題が戦わされている。

暗い空間の中を前方から、「熱運動」断層の激流の音が聞こえる。対岸には、もう一つ広大な未探検の地域が横たわっていると信じて、まず激流を手なずけ、これを抑え込んで越える方法を考え出さなくてはならない。さらに細胞内の「たんぱく質のnativeな環境」という現在の表現から、**©象限メソネイチャー**内の熱振動構造のニウラディック性にまでたどり着くには、数段の認識論上の変換法を見つけ出さなくてはならない。

一九七〇年に理学部の生物系の学生として「生気論を勉強してみたい」と口走ったとたん、私は憎悪と侮蔑の集中砲火を浴びた。あの時の恐怖は私に、分子生物学と生気論の問題は私一人で考えぬこうと決心させるのに十分だった。

寺山修司『長編叙事詩　地獄篇』（思潮社、一九八一年）にこんな一節がある。

「穴の出口はどこにあるのか。ひっそりと村の土中にくぐもり、ねじれ曲がっている穴の出口は、いったいどこにあるのか？　一本の糸を垂直にたらしてやると、その先の錘は、厚い地層を潜りぬけて、暴力的などす黒い海にでも出るのであろうか。それとも、穴は村の土中を一めぐりしてゆくうちに次第に細まって行き……。（中略）

ぼくは考えた。穴の出口は人間の目ではないだろうか。それも、ただの目ではなくて、塞がれた目（中略）、人間の尺度でものを見ることをやめてしまった無気力な自然の証ではないだろうか。

……」（p.38）

ドゥルーズの言葉にあるように、哲学はコミュニケーションではない。ベルクソンは自らを哲学的活動だと線引きし、科学哲学者たちとの棲み分けに成功した。この本は生命科学の本体に切り込んでいくのだから、科学哲学の領域での論争は避けられないだろう。ただし当面は「誤解も理解のうち」と、できればこのままの事態が続くことを願っている。また、この言葉で終ることにする。

連帯を求めて孤立を恐れず。

ニュートン主義の罠—バイオエピステモロジー II

著　者　米本昌平（よねもと しょうへい）

1946年　愛知県に生まれる。
1972年　京都大学理学部（生物科学専攻）卒業。証券会社入社。
1976年　三菱化成生命科学研究所入所。
2002年　㈱科学技術文明研究所長。
2007年　同所定年退職。
2007年７月　東京大学先端科学技術研究センター・特任教授。
2012年　東京大学教養学部客員教授。

専　攻　科学史・科学論

主要著作
『遺伝管理社会』（弘文堂　1989年度毎日出版文化賞受賞）
『知政学のすすめ』（中公叢書　1999年度吉野作造賞受賞）
『バイオポリティクス』（中公新書　2007年度科学ジャーナリスト賞受賞）
『独学の時代』（NTT出版）
ハンス・ドリーシュ『生気論の歴史と理論』［訳・解説］（書籍工房早山）
『時間と生命』（書籍工房早山）
『バイオエピステモロジー』（書籍工房早山）他。

2017年８月15日初版第１刷発行

著　　者　米本昌平
発 行 者　早山隆邦
発 行 所　有限会社 書籍工房早山
〒101-0025　東京都千代田区神田佐久間町２の３
秋葉原井上ビル602号
Tel 03（5835）0255
Fax 03（5835）0256

印刷・製本　精文堂印刷株式会社

ISBN 978-4-904701-50-8 C 0010